孙启宏　刘孝富　王莹　等／著

固定源

Gudingyuan Daqi Wuranwu Paifang
Zhifa Jianguan Tixi Yanjiu

大气污染物排放
执法监管体系研究

U0384591

中国环境出版集团 · 北京

图书在版编目（CIP）数据

固定源大气污染物排放执法监管体系研究/孙启宏等
著. —北京：中国环境出版集团，2020.12
ISBN 978-7-5111-4524-6

Ⅰ. ①固… Ⅱ. ①孙… Ⅲ. ①固定污染源—大气
污染物—排污—监管体制—研究 Ⅳ. ①X501

中国版本图书馆 CIP 数据核字（2020）第 251378 号

出 版 人　武德凯
责任编辑　曲　婷
责任校对　任　丽
封面设计　宋　瑞

出版发行　中国环境出版集团
　　　　　（100062　北京市东城区广渠门内大街 16 号）
　　　　　网　　　址：http://www.cesp.com.cn
　　　　　电子邮箱：bjgl@cesp.com.cn
　　　　　联系电话：010-67112765（编辑管理部）
　　　　　发行热线：010-67125803，010-67113405（传真）
印　　刷　北京建宏印刷有限公司
经　　销　各地新华书店
版　　次　2020 年 12 月第 1 版
印　　次　2020 年 12 月第 1 次印刷
开　　本　787×1092　1/16
印　　张　16.25
字　　数　300 千字
定　　价　82.00 元

编委会

主　编　孙启宏

副主编　刘孝富　王　莹

编　委（按姓氏笔画为序）

王　维　　王佳邓　　孙彩萍　　刘柏音

邱文婷　　张志苗　　罗　镭

前言

　　近年来，大气污染成为社会关注热点，特别是频繁的重污染天气，造成了严重的社会影响。相关研究表明，工业企业等固定废气污染源是大气污染的重要来源，我国工业废气排放企业数量巨大，地方环境监察力量相对薄弱，存在执法任务量大和执法力量不足的突出矛盾。2016 年中共中央办公厅、国务院办公厅印发了《关于省以下环保机构监测监察执法垂直管理制度改革试点工作的指导意见》，环境监管机构垂直管理制度改革进入实质性推进阶段，大气污染执法制度、体系、形式将发生明显改变。

　　2018 年修正的《中华人民共和国大气污染防治法》规定："生态环境主管部门及其环境执法机构和其他负有大气环境保护监督管理职责的部门，有权通过现场检查监测、自动监测、遥感监测、远红外摄像等方式，对排放大气污染物的企业事业单位和其他生产经营者进行监督检查。"受执法体系不健全、监测技术欠缺、执法标准和技术流程不完善等因素影响，目前我国大气污染现场执法中多还使用"望、闻、问"等传统手段，对违法行为难以准确界定，取证困难。

　　本书主要是国家重点研发计划大气污染成因与控制技术研究专项"固定源大气污染物排放现场执法监管的技术方法体系研究"（2016YFC0208200）项目的研究成果。在全面调研我国工业固定源大气污染现场执法监管现状和垂直管理改革的基础上，总结了现场执法监管中存在的问题，分析了执法监管的体系构建需求、监测技术需求、技术规程需求，集成多种监测手段，构建了天地一体的大气污染源现场执法监管技术流程，为工业固定源大气污染现场执法提供了一套准确、高效、可操作的执法监管技术规程，以期为提高我国大气污染物排放现场监管执法效能提供技术支撑。

　　本书由孙启宏主编，刘孝富负责全书总体设计。全书共分为三篇，十一个章节。第一篇介绍了发达国家和地区大气固定源执法监管体系。其中，第一章由孙彩萍、王佳邓编写，主要介绍美国大气固定源执法监管体系；第二章由刘孝富编写，主要介绍英国大气固定源执法监管体系；第三章由刘柏音编写，主要介绍中国台湾大气固定源执法监管体系。第二篇包括第四章至第九章，从法律法规、组织机构、技术方法、处罚手段、现场执法、国内执法需求分析等方面对我国大气固定源执法监管体系进行了详细阐述。其中，第四章、第六章由王莹编写；第五章由刘孝富编写；第七章由刘柏音编写；第八章由罗镭编写；第九章由孙启宏编写。第三篇介绍了固定源大气污染物排放现场执法监管技术体系。其中，第十章由孙彩萍编写，介绍了固定源大气污染物排放现场执法监管技术总则的主要内容；第十一章由王维编写，介绍了固定源大气污染物排放现场执法监管异常识别技术，本章的编写得到了生态环境部卫星环境应用中心李营、中国环境监测总站秦承华、天津市环境监测中心孙猛、郑涛等的支持与协助。附表部分由邱文婷、王佳邓、张志苗整理。全书由刘孝富和王莹统稿和完善。

目 录

第三篇　固定源大气污染物排放现场执法监管技术体系

第一篇

发达国家和地区大气固定源执法监管体系

美国是世界上较早对固定源大气污染物排放进行系统监管的国家，以 1970 年《清洁空气法》（CAA）立法和美国环境保护局（EPA）成立为始，至今已经有半个世纪，在空气污染治理方面取得了令世界瞩目的成就，也是世界各国纷纷效仿的对象。标志性的《清洁空气法》确定固定源监管的法律分权，依据该法授权的《州行动计划》则是对固定源属地监管的有利保障。为了保障全美固定源法律实施的一致性，EPA 出台了一系列的技术指南文件。《〈清洁空气法〉固定源守法监测策略（CMS）》《〈清洁空气法〉国家烟囱实验指南》，奠定了国家、地方、企业三级监管体系；《下一代守法监测计划》为美国固定源监管的未来发展指明了方向。除监管分权、属地管理外，《清洁空气法》的历次修订也赋予 EPA 强势的执法地位。

英国在伦敦烟雾事件后，于 1956 年颁布了世界上第一部清洁空气法案——《清洁空气法》，并于 1968 年、1993 年先后进行两次修订。1997 年颁布《国家大气质量战略》。2010 年欧盟制定《工业排放指令》（IED，Directive 2010/75/EC），要求各成员国对大型固定排放源发放和实施许可证管理。英国的固定源行政监管的权力分别由英格兰、苏格兰、威尔士、北爱尔兰四个独立的行政区执行。不仅为地方政府实施污染源监管提供指导，也为整个欧洲各国实施大气框架指令提供了有效模式。

中国台湾是亚洲较早开展固定源监管的地区之一，法律法规体系完备，组织体系完善，极具地区特色。

因此本书以美国、英国和中国台湾地区为研究对象，总结其现场执法特点和监管发展趋势，以期为执法监管提供理论和实践支撑。

第一章　美国大气固定源执法监管体系

美国在《清洁空气法》里规定了污染源的概念，其中固定污染源是指任何排放或可能排放空气污染物的建筑、结构、设施或装置；重大污染源（major sources）是指位于相邻区域内，受到共同控制、排放单一有毒空气污染物累计达到 10 t/a 以上（含），或多种有毒空气污染物累计达到 25 t/a 以上（含）的任何固定污染源或一组固定污染源；面源（区域污染源，area sources）是指除重大污染源之外的固定有害空气污染源，不包括机动车或非机动车污染源；新污染源（以下简称新源）是指该类污染源排放标准颁布之后开始建设或重建的污染源；无组织排放是指未通过烟囱、排气口或者其他有等效功能敞口的污染物排放。

第一节　法律法规体系

1970 年颁布的《清洁空气法》是美国国会颁布的第一部实质性、综合性的环境立法，其中有四个重大管制项目是针对固定源的：国家环境空气质量标准（NAAQS）、州行动计划（SIPs）、新源排放标准（NSPS）以及国家危险大气污染物排放标准（NESHAPs）。1977 年美国国会对《清洁空气法》进行了重大修改，加强了对空气质量改善的要求，1990 年再度进行了修正，建立了对固定源运行许可证管制项目。《清洁空气法》关于固定源环境执法的主要修正内容如表 1-1 所示[1]。

表 1-1　美国《清洁空气法》修正案关于环境执法的主要内容

项目	1970 年修正案	1977 年修正案	1990 年修正案
EPA 执法权	（1）EPA 发现违法后通知违法者和所在地的州政府，超出 30 日未解决的，将发布命令，要求违法者遵守实施规划，或者提起民事诉讼，寻求包括永久禁令或临时禁令在内的措施。违反命令者将被实施按日连续处罚，单处或并处不超出 1 年的监禁。（2）EPA 的紧急权力：如有证据表明，污染源或组合污染源（包括移动源）对人体健康产生严重和实质危险，而州或地方政府未采取行动，则 EPA 可代表联邦起诉，立即禁令排放污染或有助于排污的违法行为，或采取必要的其他措施	（1）EPA 如果发现州有不遵守本法或该州州行动计划要求的行为，则通过发布命令的形式，禁止州所在地任何重要固定污染源的修建或改建活动，也可依法向州提起民事诉讼。（2）在该修正案颁布的 6 个月内，在通知和听证会后，对不遵守该修正案的行为人进行评估和收集。上述行为人包括：a. 重要固定源的所有者或运营者，不遵守任何排放限制、排放标准或州行动计划等法规的要求；b. 不遵守排放限制、排放标准、运行标准或其他本法要求的固定污染源	（1）EPA 的执行规定，无论是个人或是州政府，一旦其违法行为发生并被发现，都先向个人和州政府发出违法通知，30 日后如无法得到解决，EPA 局长将发布禁令，或行政惩罚令，或提起民事诉讼。（2）民事诉讼，EPA 应针对重要污染排放源、重要排放设施、重要固定污染源的所有者或运营者提起民事诉讼，要求对违法行为发布永久或临时禁令，或者罚款。（3）刑事处罚，根据联邦法典 18 章规定处以罚金或不超出 5 年的监禁，或两者兼有。如果违法人属于第二次刑事判决，则罚款和监禁的最高处罚加倍
对企业检查、监测和进入的规定	为帮助各州实施州行动计划、新源运行标准或排放标准，或确定行为人是否违反排放标准，EPA 要求排放源按规定要求安装、使用和维护监测设备，在特定位置、固定时间间隔和特定方式对污染物取样，并提供相关报告。EPA 及其代理人有权进入或通过排放源所在地方，在合理的时间查阅、复制、检查任何相关监测记录、设备或方法，对排放污染物取样	EPA 在进入、检查或监测州固定源设施前，应通知州并说明目的。州不能将 EPA 通知中的信息告知受检方。如果 EPA 认为州有不当使用通知信息的行为，则停止通知这一环节	—

项目	1970 年修正案	1977 年修正案	1990 年修正案
公民诉讼	任何人均可以代表自己提起民事诉讼，针对任何人（包括美国政府和其他政府机构）的违法行为。若是针对 EPA 在其非自由裁量范围内失职的行政诉讼，EPA 局长必须请求总检察长或指派代理律师出庭	任何人均可以针对未获得许可证却在建或拟建的重大污染源的责任人起诉	—

美国《清洁空气法》的主要体系如图 1-1 所示。

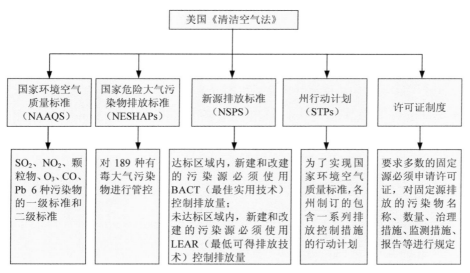

图 1-1 美国《清洁空气法》体系图

一、许可证制度

1977 年美国《清洁空气法》修正案中首次提出了新源审查许可证，1990 年《清洁空气法》修正案中借鉴《清洁水法》中关于许可证的相关经验，增加了运行许可证，并对新源审查许可证进行了修订，形成了全面的大气许可证制度。

许可证制度不仅是一份法律文件，其制度的顶层设计是为了使联邦、州或地区实现预期环境目标，根据所在区域的空气质量情况，将污染物排放量进行排放单元分解、细化，并落实到每一份许可证文件中。在许可证管理制度的设计上，企业层面需要严格遵循事前减排技术控制标准、事中企业合规监测保证、事后排放标准。同时，EPA 和州及地方政府负有监管责任，共同开展各类检查、刑事调查，并及时查处违规和重大犯罪行为。

（一）许可证分类

美国大气污染排放许可证根据许可性质的不同，分为新源许可证（NSR）和运行许可证两大类（图 1-2）。新源许可证是针对新、改建的固定污染源的管控，在固定源建设前需要申请获得；运行许可证重点是对运行一年以上的现有固定源的监管[2]。新源许可证按照排放量的大小分为主要新源和次要新源，主要新源按照新建项目是否在空气质量达标区又分为防止空气质量显著恶化许可证（PSD）和空气质量未达标区的主要新源许可证（NA-NSR），次要新源为全部区域的次要新源审查许可证（Minor NSR）。

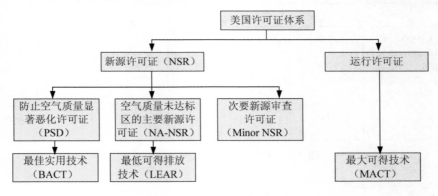

图 1-2　美国许可证体系

针对不同的污染源规定了不同的污染控制措施，在空气达标区域的PSD 许可证要求采用最佳实用技术（BACT），而在空气未达标区域，污染源的环保要求最严，必须采用最低可得排放技术（LEAR），次要新源环保要求较低，符合新源排放标准即可。运行许可证要求采用最大可得技术（MACT），确保污染物的达标排放，详见表 1-2。

表 1-2　美国大气污染排放许可证分类[3-5]

类型		适用对象	适用区域	适用技术	受控污染物	报批程序	许可证内容
新源（建设）许可证	PSD许可证	新建或改建重大污染源	达标区域、未分类地区或空气质量数据不足以指明达标或不达标的区域	BACT（最佳实用技术）	6种常规污染物（PM、SO₂、NOₓ、CO、VOCs、Pb）；6种温室气体（CO₂、甲烷、N₂O、氢氟碳化合物、全氟化碳化合物及六氟化硫）	企业提交申请书→州发放许可证证申请完成确定书→许可证草案的审核（EPA、公众、受影响的各州）→草案完善→州发放许可证。时间在6～12个月	①通用条款，包括许可授权、许可证失效、项目建设进度要求、开始生产的通知、采样方法、等效要求、排放控制设施的维护、合规性要求，其他一些基础内容；②特别条款（针对该项目适用，包括所需遵循的排放标准、法规适用性、各设备或污染源的设计、运行、采样和监测要求，无组织排放源排放控制设施的监测，各个污染物排放控制设施的最大允许排放限值、浓度和监测要求；③初始和连续的合规证明要求，记录保存要求、计划的设备维护，启动和停机活动的要求；④各个排放源各类污染物允许排放的最大小时及年排放速率；⑤技术附件
	NA-NSR许可证	新建或改建重大污染源	未达标区域	LEAR（最低可得排放技术）			
	次要新源审查许可证	非重大污染源	—	符合新源排放标准即可	六氟化硫；187种有害污染物		
运行许可证		重大污染源、111节定义的面源、112节（r）定义的排放源、受影响的州排放源、EPA颁布排放源目录中的排放源	全国	MACT（最大可得技术）	6种常规污染物（PM、SO₂、NOₓ、CO、VOCs、Pb）；187种有害污染物	准备会议→企业提交申请书→州对申请书完整性判定→申请书试运行→申请书保护→州拟定许可证草案并接受审核（公众、EPA审核、受影响的各州）→州发放许可证。企业在正式运营前一年必须着手申请	①基础声明；②适用的全部排放限值与标准；③关于监测、记录与申报的相关要求；④守法执行计划（可包括一份守法执行进度表；⑤关于年度守法认证许可证条款与申报的要求；⑥关于许可证条款执行偏差的要求

（二）许可证制度的执行

美国大气排污许可证制度在固定源管理中属于核心地位，许可证制度在固定源管理中的具体执行包括 3 个方面：监测、记录和报告。

1．监测

监测包括污染物排放量的计量以及污染物排放浓度的在线监测和人工监测。许可证中规定需要安装在线监测设备的固定源和在线监测设备的类型。在线监测设备由企业自行负责安装、运行、数据采集等。固定源企业在获得许可证时就表明企业已明确知晓并同意遵守许可证中注明的法规、规章以及命令的要求。根据许可证要求，企业负责提供采样和监测仪器、执行采样和监测操作、委托独立的采样机构进行采样和监测。企业需要承诺按照其获得的排污许可证要求进行操作。监控数据的准确性，必须依赖监控系统的正确操作维护、质量保证和质量控制、相对准确度测试审计的要求等。在日常运行中企业必须严格执行这些要求规程，以保证这些数据的真实性。此外，排污监测活动及其数据收集保存均由企业负责。如果出现不守法的情况，企业作为主体将承担法律责任及其他后果。

2．记录

记录的目的不仅是作为企业自证守法的依据，也为环境管理部门对许可证制度执行情况核查以及判断企业排污行为是否合法提供依据。许可证制度要求企业记录的内容不仅包括监测结果，还要包括监测手段或方法、监测过程等，同时 EPA 还要求企业如实记录各种投诉以及企业针对这些投诉采用了怎样的态度和处理措施等，但很少使用企业自测的数据作为执法处罚的依据。记录的方式除少部分需要保存纸质文件外，多数信息使用电子格式保存，方便对数据的快速核查。记录的数据和信息保留的时间一般为 5 年。

3．报告

根据许可证要求，获得许可证企业需要提交 6 个月监测报告、年度守法认证报告，此外，还要提交快速背离报告（PRT）。6 个月监测报告共分四部分，分别为一般信息、监测报告、已经上报的严重背离信息和半年发生的所有背离信息。年度守法认证报告共分三部分，分别是一般信息、守法状况和背离报告。在守法状况表中，企业应明确针对每个排放单元的许可证条款要求，列出其为满足上述要求而采取的全部守法方法（包括监测、记录保存和报告），根据许可证对上述条款的描述来判断守法情况，并最终给出守法状态评价是持续守法还是断续守法。需要注意的是，该报告需要由企业负责人签字，以保证企业年度守法材料的真实性、准确性和完整性。年度守法认证报告须提交给州和联邦两级环保机构进行审查。

许可证报告制度是紧紧围绕背离这一环节来进行的，背离是指因无法达到许可证条款要求如排放控制要求及守法保证措施（监测、保存记录和报告）而发生的偏离，如超标排放，未按要求监测，提交报告失败，企业设备启动、关机、故障等情况下的异常排放情况。背离行为是否违法由 EPA 或其授权机构来认定，而背离的汇报及时与否是判定企业是否蓄意违反相关法律要求的一项有力证据。企业首先通过包括背离在内的守法状态对自己有一个初步的守法认证，主管机构则根据企业的各项报告书的分析和检查给予最终的守法认证结果，用于指导企业的环境主体责任的落实和监管。企业应先通过电话或传真告知许可证管理机构，并对发生背离的原因进行解释，汇报是否采取了改进行动和防治措施。

（三）违法惩罚

对于未取得许可证开工建设或排放源的建设不符合许可证要求的情况，在运行前，EPA 应根据《清洁空气法》第 167 条立即采取行动终止排放源的建造。在执法程序上，EPA 先向排放源开出违规通知，并抄送州政府，在这个通知中，EPA 尽量详细阐述其可以采取的所有执法行动；发布行政命令，终止企业建设活动，若不被企业遵守，EPA 则启动民事诉讼程序申请禁令或罚款。若 EPA 认为行政命令不会被企业执行，则可立即提起民事诉讼。在运行后，EPA 发布行政命令，规定企业在 180 日内自行采取纠正措施以符合许可证要求，若不遵守，EPA 则启动民事诉讼程序，申请禁令或罚款。

对于持无效许可证的建设活动的情况，如果 EPA 通过分析认为，企业可以在 30 日内取得有效许可证，则发布行政命令限其在 30 日内取得有效许可证；若分析认为企业无法在短时间内取得有效许可证，则发布行政命令禁止其建设活动。而根据《清洁空气法》的规定，判定企业有意识违反许可证要求或 EPA 相关法令时，EPA 可根据规定对企业直接采用罚款或监禁处罚[6]。

二、州行动计划

1970 年《清洁空气法》修正案指出：各州要对辖区内空气质量负有主要责任，提交达到国家空气质量一级和二级标准的州行动计划。为了实施国家环境空气质量标准，各州制订了包含一系列排放控制措施的州行动计划。根据规定，州行动计划的内容应包括满足国家一级或二级标准的监测数据分析、最后达标期限、执行命令的进度表及保障措施、促进政府间合作的条款及必要的措施、必要的保证以及在公开听证后修改方案和可行性。通常，州行动计划包括规划和管理文件两部分，其中规划是重点，主要涉及空气质量监测、空气质量建模、污染物排放清单和排放控制策略等，管理文件主要包括政策和规则。州行动计划制订后要获得 EPA 的审批。

虽然州是实施环保法的重要力量，但单独执法却难以收到成效。因为空气是流动的，污染的空气往往跨区域造成危害。1977 年《清洁空气法》修正案对跨区污染做了相应规定，并决定成立空气污染控制州际委员会，负责制定实施区域空气污染控制项目。在 1977 年《清洁空气法》修正案中规定，州行动计划要确保遵守跨州空气污染规定的条款，禁止州内任何固定源排放影响其他州空气污染物达标状况。州行动计划也应满足有关咨询的规定、公众知情权的规定、预防重大空气质量恶化和能见度保护的规定，可以规定间接污染源评估方案，但不是强制性要求。

第二节　组织保障体系

一、美国环境保护局（EPA）

1970 年成立的美国环境保护局（EPA）是美国专门管理环境的行政机关，拥有执行权、准立法权、准司法权，是非常权威的空气质量管理机构。与其他机构相比，EPA 有自己的行政法官，这些行政法官由联邦政府设立，拥有听证权和处罚权，可以迅速解决纠纷。EPA 拥有 225 人编制的警察队伍，主要管辖重大环境污染案件，同时，EPA 可以独立于州直接执行和查处违反联邦标准的行为。

EPA 总部内设执法机构为执法和守法办公室，其下设有民事执法办公室、刑事执法取证和培训办公室、守法办公室、环境司法办公室、联邦行动办公室、联邦设施执法办公室、现场补救执法办公室。在 EPA 的 10 个分局也分别设有相应的执法办公室，与执法和守法办公室进行业务对接，但名称并不统一。

二、州及地方政府

各州的环境保护机构也参照 EPA 设计各个职能处，包括守法和执法机构。以加利福尼亚州为例，该州环境保护局的大气执法机构为空气资源委员会（ARB），其职责包括通过有效和高效地削减污染物排放，提高和保护公众健康、福利和生态资源，但上述职责须建立在对州经济的准确认知和认真思考的基础上。空气资源办公室制订了执法计划，其目的是保护环境和公众健康，通过公平、一致和全面的执法行动，削减空气污染物排放，以期为全州人民提供安全、洁净的空气。在执法过程中，也具有提供培训和协助执行的职责。空气资源委员会负责维护数据库并生成空气质量和排放报告，并为相关执法活动提供在线注册和报告服务。空气资源办公室每年出版执法年度报告，公众可通过网络获得这份报告内容。

除空气资源委员会外，加利福尼亚州还设有 35 个空气污染区，每个污染区建立和执行空气污染法规，以达到所有州和联邦的环境空气质量标准。

三、《清洁空气法》固定源守法监测策略（CMS）

1990 年《清洁空气法》修正案颁布后，为了高效实施重大工业排放源或者某些特定排放源（Title V）运行许可证制度，1991 年 EPA 发布了《清洁空气法》守法监测规划的管理和实施指南——《〈清洁空气法〉固定源守法监测策略（CMS）》[7]，通过合规性核查和现场检查，对固定源记录报告进行核查和现场检查，监督固定源的守法监测，评估固定源的合规情况和支撑执法行动。EPA 要求各地方政府依据守法监测战略制订相应的固定源守法监测计划，该计划每两年提交一次。对固定源合规性核查行动主要是源于固定源守法监测计划、公众的建议和投诉、污染事故调查[8, 9]。

（一）固定源合规性核查类型

美国固定源合规性的核查分为全面守法评价、分项守法评价和合规调查三种类型，见表 1-3。

表 1-3　固定源合规性核查类型比较

项目	全面守法评价	分项守法评价	合规调查
监测对象	将企业作为一个整体来评估其守法与否。企业内部所有设施、每个设施排放的所有污染物都纳入其监测范围，是综合性的评价手段	根据法规要求，对指定企业部分生产工艺、排放设施或污染物进行的守法认定，属靶向评价	有别于前两种监测手段，其范围扩展到一部分企业，或对某类企业全面守法评价过程中发现的共性、特定问题，或根据行业部门、监管机构及法定要求等而开展的一种更深入的守法评价
现场检查	地方政府可根据需要自行决定是否进行现场检查；在没有其他方法判定企业是否守法时，可进行排气筒试验	排放源性能测试、采样和监测分析；观察肉眼可见排放；同意令执行追踪	—

项目	全面守法评价	分项守法评价	合规调查
场外审核	许可证要求的所有报告，包括企业自我认证报告、半年度监测报告、定期监测报告、背离报告等；当地监管部门要求企业提交的所有报告，包括连续排放监测系统运行报告、故障排查、超标排放报告；也可根据需要审核企业运营日志、台账、设备参数等	报告审核：连续监测系统质量保证报告、季度超标排放报告、半年度背离报告；数据审核：设施记录和运行日志、检测/采样计划和监测；相关工艺、污染物和排放清单信息；厂界监测和环境监测数据	除监管机构和 EPA 数据系统原有的数据和报告外，经常还要采集和分析其他公开渠道发布的信息，以寻找违法的证据
时间要求	1 个联邦财年	经常性的工作	—
人员	有资质并取得联邦或地方政府授权的检查员	有资质并取得联邦或地方政府授权的检查员	—
特点	全面、耗时长	经济、高效，但执法资源相对密集	执法资源投入更为集中，效益也更高

全面守法评价包括：与排污相关的报告和记录评估；污染控制设施和工艺流程状态评估；可见污染物观察；设施记录和操作日志核查；过程参数评估，如进料率、原（燃）料消耗情况等；控制设施绩效参数评估。如上述方式不足以核定排放是否合规，则需要启动现场调查，进行烟囱实验。对于特定设施集群区域，必要时可对周界环境空气进行监测，用以筛查不合规的固定源。

全面守法评价由多个分项守法评价组成，分项守法评价耗时短，能够密集核查多个源的同类设施，是一种成本有效的核查方式。主要对报告、记录文件进行核查，评价报告完成后，需要及时录入数据库并公开，保障公众的知情权。

合规调查多用于评估全面守法评价期间的复杂问题，通过使用专业技术缩短调查时间，如对比分析石油炼制行业数据，分析某个单元能否达到新源绩效标准的要求。为了尽可能减少核查频率，使核查成本有效，多数主要固定源全面守法评价频率为每两年一次。不同的核查方式和频率，与固定源的规模、历史合规情况、设施位置、潜在环境影响、操作实践（如操作是稳定连续的还是季节性的）、使用的污染控制技术相关。

（二）组织保障体系

守法监测是任何一个环境守法和执法规划的关键部分。为此，EPA 将汇集所有手段对污染源进行守法认定。为实施 CMS，EPA 与州/地方政府、企业等开展密切合作（图 1-3），确保遵守《清洁空气法》和相关法规，以保护人类健康和环境。在 CMS 实施中，其组织保障体系分为四大类，分别是 EPA 总部、EPA 大区办公室、州/地方政府生态环境部门和企业。每个部门又分别承担不同的责任，并且不同部门间互相制约、监督，以巩固 CMS 实施效果。

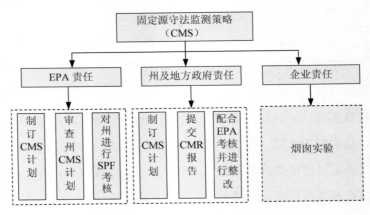

图 1-3　固定源守法监测实施保障体系

1. 美国环境保护局总部职责

作为联邦管理机构，履行其职责的首要方式是制定切实有效的法规制度，并监督全面落实。在 EPA 总部，由执法和守法办公室负责 CMS 制定、修订和实施及监管。执法和守法办公室下设 8 个处室，历次 CMS 修订均由执法和守法办公室下属守法办公室（Office of Compliance）主导完成[10]，同时还得到了 EPA 其他单位如监管执法办公室（Office of Regulatory Enforcement）、总法律顾问办公室（the Office of General Council）、EPA 大区（Regions），以及州与地方大气污染管理委员会/地方大气污染控制协会（STAPPA/ALAPCO）等地方协会的协助。因此，CMS 在制定之初，就奠定了其既整合 EPA 内部多部门，又兼顾社会团体、行业协会多种考量的行动策略；另外，也保证了 CMS 具有很强的可实施性，在执行过程中做到合法、有序、高效。在历次 CMS 的修订过程中，其初衷都是不断寻找新方法、新技术，以应对日益增大的监管需求和守法认定。2014 年执法和守法办公室在《清洁水法》计划等方面创新性成果的基础上，提出了新一代守法战略规划，其目的是整合 EPA 内部和外部的力量，构建面向先进的监测技术、信息技术、信息透明度、创新执法的法规和许可证制度。

2. 大区监管职责

EPA 下设 10 个大区，每个大区负责管辖 5～6 个州。各区设有执法办公室与 EPA 执法和守法办公室进行业务对接，但名称并不统一，如大区 1 为环境管理办公室（Office of Environmental Stewardship），大区 2 为执法与守法援助处（Division of Enforcement and Compliance Assistance，DECA）等。在实施 CMS 的过程中，大区承担着大量的监管职能，主要包括审批州/地方提交的 CMS 计划、对 CMS 计划的执行情况进行审查、监督地方对出现问题的整改情况。

（1）审批 CMS 计划

大区分局在取得由州和地方政府提交的 CMS 计划后，对其进行审批，并将获批的最终 CMS 计划纳入该大区的年度承诺体系（ACS）中；如果州和地方政府提交的是 CMS 计划的替代方案，则大区需要报请 EPA 执法和守法办公室来进行审批。大区分局每年都要审核守法监测活动的实施结果，并在必要时对其进行更新，如有重大调整，可组织各方讨论并确定。在审核时，大区分局着重与地方政府讨论优先执法与重点执法地区，以将地方政府有限的执法资源得到最优配置。

（2）固定源守法监测策略计划实施效果审查——州审查框架报告

在 EPA 2001 年发布的 CMS 第 XI 节，提出了评价/督查内容。指出在每个财政年的年终，大区分局应对州和地方政府是否遵守承诺进行评价，对于未完成的计划任务，要求地方政府说明未完成的原因及来年的安排。EPA 总部也会在国家层面上进行类似分析，分析结果会转给相关管理人员，以便他们能及时调整 CMS 计划。此外，大区分局也会定期对 CMS 计划进行深度分析，如 CMS 计划成功的原因、执法技术的使用，还试图对 CMS 实施效果进行定量评价。2004 年后，大区分局按照州审查框架（SRF）对下辖各州的 CMS 计划实施效果进行深入评价[11]。

州审查框架的审查五要素：①数据，对完整性、准确性以及录入国家数据系统的及时性进行审查；②检查，对检查和承诺范围的符合性，以及检查报告的质量和上报的时效性进行审查；③违法，对违法行为识别，包括 CAA 计划中高优先级违法行为（HPV）的识别和守法判定的准确性进行审查；④执法，对执法时效性和适当性，以及促使企业守法的效果进行审查；⑤罚款，对罚款计算和罚款处罚进行审查。

州审查框架审查流程：分为 3 个阶段，根据统计指标，对国家数据系统中收录的州和政府的信息进行比较、分析；检查污染源档案并整理统计指标；发现问题并提出改进建议或措施[12]。

州审查框架审查结果代表了 EPA 对州执法绩效的评价结论，分 3 类：

第一类，守法监测执行达到或超过预期水平。州审查框架建立了一个守法计划执行的基准水平或最低水平。该结果表示州的相关指标达到了基准水平或超出预期，并且未识别出有性能缺陷。

第二类，提示州政府需要注意的问题。根据州审查框架评价，州在执法活动、过程或政策等方面存在一些小问题。大区办公室认为，即使离开其监督，州政府也应有能力对上述问题进行纠正。因此，大区办公室仅提出建议，但是不会督查建议采纳与否。

第三类，提醒州政府需要改进的领域。根据州审查框架评价，州在执法活动、过程或政策等方面存在严重问题，并需要管理机构来解决。大区办公室要对上述问题产生的根源以及整改的领域提出建议，并设定精确的时间表和执行步骤，同时通过州审查框架跟踪系统监控州政府的整改进展。

3．州政府职责

（1）制订 CMS 计划

自 2001 年起，CMS 计划改为每两年（以财政年计，下同）制订并提交其上属大区办公室进行审批。在提交的 CMS 计划中，应包括：①企业清单及相应的国家空气守法和执法数据系统编码（ICIS-Air）。清单包括 1990 年《清洁空气法》修正案 Title V 下所有需要监管的重要排放源类及次要排放源等，并要指明哪些企业需要进行全面守法评估（FCEs），哪些需要现场检查。②对守法监测中出现各类问题的预判及相应的解决方案。这些问题包括两类：一是来自州和地方政府内部层面的；二是来自既往大区办公室在审核中查出的问题。需要注意的是，如果州政府不接受 CMS 规定的最低设施检查频次，需要对此进行充分说明。此外，如果州/地方政府和大区办公室另有协议，如执法协议、绩效伙伴协议、分类拨款协议等，并且内容详细、确保得到各方遵守，则可以其作为 CMS 计划的替代方案[13]。

（2）执行 CMS 计划并提交守法监测报告

州/地方政府根据审批后的 CMS 计划逐一落实守法监测任务，同时也要及时将守法监测报告提交给大区办公室。如果在第一财年末，州/地方政府预计不能如期完成计划，则需要向大区办公室提出修改请求。

根据 EPA 的规定，守法监测报告格式要符合相关标准，并且必须包括如下内容：基本信息，日期、守法监测类型及提交的正式报告；设施信息，设施名称、位置、通信地址、联系人及电话、Title V 认定和大型场地认定；适用性要求，包括法律法规和许可证发放条件在内的所有适用性要求；排放清单及对所有受管制排放单元的工艺流程描述；执法行动的历史信息；守法监测活动，包括对工艺流程和排放单元的评价、现场观测并记录观察到的缺陷、是否提供了守法援助及其类型、现场检查设施会采取何种补救措施以恢复达标排放。

（3）守法监测报告保存规定

如果州和地方政府有相应的守法监测报告保存规定则按当地规定进行，如果没有，则需参照 EPA 规定执行，即不采取执法措施的守法监测报告保存 5 年；需要采取民事行政执法措施的保存 10 年；需要采取民事司法或刑事执法措施的保存 20 年。此外，根据排放源守法和州行动上报信息采集要求，必须在 60 日内将守法监测活动数据上传到国家空气守法和执法数据（ICIS-Air）系统中。

（4）违法行为识别及其他

州和地方政府要通过守法监测报告分析识别两类违法行为——呈报联邦政府的违法行为（FRVs）和高优先级违法行为（HPVs），在识别后需分别报告给有关部门进行处理。这两种违法行为识别是 EPA 大区办公室的重要考核指标。对于采用常规手段无法识别是否达标排放的企业，州和地方政府需要督导企业开展烟囱实验。

4. 企业职责

在 CMS 中，企业应根据《清洁空气法》要求，在其整个生命周期过程中申请新源许可证到运行许可证，并依据许可法律文件要求，进行达标排放，并同时上报各种文件，如定期监测报告、守法认证报告、背离报告等。在监管机构对企业进行现场检查时，根据劳工法案要求，企业应主动派经理、劳工代表和相关设施操作员参加到检查队伍中，接受联邦政府或地方政府的检查、督导。一旦通过常规手段无法识别其是否遵守达标排放，企业则根据烟囱实验法案要求，在地方主管机构的指导下，制定烟囱实验方案，并至少提前 30 日报到主管机构、进行审核。在进行烟囱实验时，必须有主管机构的工作人员到场监查，否则试验效果无效。同时，在进行烟囱实验时，设施运行也必须达到最大的设计生产能力，否则试验结果也不会被认可。

第三节　技术方法体系

一、烟囱实验

烟囱实验，即 EPA 法规所指的设施性能或污染源测试，是对具体一种或多种受控污染物排放量或替代排放量的测定，不包括目测排放观察试验。为规范烟囱实验，EPA 发布了《〈清洁空气法〉国家烟囱实验指南》。[14]

（一）具体测试

烟囱实验需要采用国家标准方法，对于试验方法"略有"改变的，可由州/地方机构批准，而"重大"改变必须由空气质量规划与标准办公室批准。进行烟囱实验时需要考虑排放单元大小、距最近一次烟囱实验的时间间隔、试验结果和守法判定、控制设备条件、相关监测数据的可用性及结果。建议测试频率是每财政年一次，大型场地最低 3 年一次。根据要求，基于烟囱实验的污染源守法裁定必须在某一指定日期后的 150 个日历天内完成，如果企业因不可抗力或自身原因无法在截止日期前进行测试，需要向委托机构提出书面申请。在进行测试前，委派机构会要求企业在发布烟囱实验公告时提交现场实验计划并审查，审核通过后方可试验。对于现场试验计划的准备和转录，企业要尽可能使用电子报告。

（二）烟囱实验公告

新源排放标准和有毒空气污染物国家排放标准都要求企业至少提前 30 个日历天发布烟囱实验公告，而最大可得技术（MACT）要求至少提前 60 个日历天发布试验公告。具体测试时间和试验开始/结束的时间都必须得到委派机构的认可。如果因一些原因烟囱实验被推迟，企业还应发布延迟公告。烟囱实验时间改期应得到委派机构和企业双方的认可。如果企业未及时通告管理机构，则试验结果不被认可，并要求重新进行试验。

（三）监管及结果认定

除了企业在进行烟囱实验前要向委派机构发出试验公告、提交现场试验计划，以及如有改期提交改期申请外，《〈清洁空气法〉国家烟囱实验指南》中还特别赋予了委派机构现场观察试验的权力。只要时间上可行，机构应派出训练有素的人员去现场观察全程试验，以确保符合法规的相关要求、遵守现场测试计划、试验结果被准确和完整地记录。指南认为，观察员的存在有助于降低企业测试过程中样品回收和处置的错误及设备出错的可能性，确保试验是在代表性工艺条件下完成。最终，降低企业重测次数。因此，烟囱实验日期和开始/结束的时间要获得委派机构和设施双方的认可，以便委派机构能派员观察试验。

（四）代表性工艺条件

EPA 建议性能试验应在设施运行代表性条件下进行：①设施依照设计能力运行下的组合工艺范围和控制措施条件，而不考虑其发生频率；②为达到适用排放标准而可能采用的极限排放控制措施，但不会造成安全隐患。制定性能测试计划时也会考虑设施在最大生产能力下进行烟囱实验的效果、设施在预期低排放符合条件下进行烟囱实验的效果、设施使用潜在最高污染物排放水平的燃料和原材料进行烟囱实验的效果、吹灰频率不同的设施进行烟囱实验的效果。

（五）试验结果报告

书面报告应保留充分的信息，以便评估其遵守监管法规要求、许可条件、执法令以及试验要求等情况。在审查现场试验计划时，委派机构应鉴别出任何一项要记录在试验报告中的信息。在实际测试方案中，经常对现场测试计划的一些具体程序进行修改，这些修改均应记录在试验报告中。

试验报告中要包括从样品采集到试验室分析（含样品运输）的全过程监管链信息。如果有要求，还应在附件中提供原始数据及交叉相关的计算方法和统计信息（包括中位数和几何均值）。记录试验条件和结果，以便于委派机构裁定企业是否进行了完整性和代表性的烟囱实验。如果试验报告没有为测试过程和数据结果审查提供充足的信息，根据机构裁决，应提供补充信息或重新试验。在完成烟囱实验后，企业要尽早将试验报告提交给监管机构，所有试验报告要根据《清洁空气法》和相关执行法规要求保存，并根据要求提交 EPA。

（六）违法裁定

烟囱实验的日期和测试结果要记录在国家大气信息查询系统及其设备子系统（AIRS/AFS）中，并视情况对重大违法行为（HPV）的认定进行调整。

除非在启动、关闭或故障期间，企业应在所有时间内遵守相关适用要求。所有失败的烟囱实验都应该由委派机构进行复审以判定是否有违法行为发生，如果有违法行为，则需要采取适当的执法行动。执法行动应该与重大违法行为政策保持一致，对于设施没有按重要源设计并违反污染物排放限值时或许达不到违法要案的条件，都应该由州、地方环境保护局进行处理。

二、面源监管技术方法

（一）面源监管重点及分级

为指导面源监管，EPA 编制了《面源规则实施指南》。面源的监管重点是有毒有害污染物（HAPs），要求 EPA 在受有毒有害污染物污染最严重的城市地区列出 30 种有毒空气污染物。在对面源管理上需要遵循以下三点：①对面源按重要性进行优先排序；②确定推荐方法以确保遵守各项规定；③委派机构/大区要灵活解决地区重大问题。

大气质量规划和标准办公室（OAQPS）早在 2008 年 7 月开发出"面源规划实施优先级援助文件"，用于指导大区空气处开展面源的优先级划分。基于每条规定的减排潜力，将面源规定分成三个优先级。

——第一级中主要是工业部门的有毒有害污染物，包括电弧炉、钢铁铸造厂、玻璃制造业、化学制造业等。

——第二级中主要是具有显著削减潜力的有毒有害污染物，包括油漆剥离和其他表面涂层操作、往复式内燃机、天然气配送散货码头、散装厂和管道设施以及汽油配送设施、石油和天然气分配设施等。

——第三级主要是针对当前可以有效减排的有毒有害污染物，包括原生有色金属生产、原生铜冶炼、再生铜冶炼、聚氯乙烯和共聚物的生产等。

（二）对第一级面源的监管策略

委派机构或大区基于面源边界的大小和潜在环境影响程度，确定其是否将精力集中放在第一级面源监管上。如果没有，委派机构或大区办公室需向 EPA 提供充足的解释，以确认第一级面源低排放的可能性。EPA 建议应根据守法监测战略计划的协议和进展，制定面源的守法和执法策略，以使资源和时间得到最佳利用。针对第一级面源进行的守法和执法活动一般没有强制性数据要求，但是，EPA 仍建议委派机构保留第一级面源清单上所有设施守法和执法活动的电子信息，并录入到各机构的大气守法和执法数据系统中。EPA 大区办公室监管地方各级机构要制定守法和执法策略草案、大区监控战略、地区策略。

（三）对第二级和第三级面源的监管策略

对第二级和第三级规定，EPA 建议委派机构/大区在资源允许的情况下，将主要精力集中在守法援助活动上。EPA 认为，守法援助可有助于这两类面源取得更大的守法效果。考虑到第二级、第三级设施的性质、影响和重要性大小，EPA 认为守法援助是最有效的工具。守法援助允许委派机构/大区努力促进设施更好地理解新规则，以实现更好守法的目标。大多数这类设施是小企业，其对法规认识有限，而守法援助可为这些小排放源提供高效的认识和理解法规的机会。通过各种活动、工具以及技术援助，使这些设施能接受到清晰和一致性的信息，遵守相关要求，将排放量降到最低，并促进整体环境性能的改善。因此，根据《清洁空气法》第 507 条，建立"小企业固定污染源技术和环境合规援助计划"。

三、无组织排放监管——以 VOCs 为例[15]

据 EPA 统计，每年因设备泄漏造成 70 367 t VOCs 排放和 9 357 t HAPs 排放。据统计，每年炼油厂排放 VOCs 达 12.5 万 t，其中因炼油厂设备泄漏排放的 VOCs 达 4.9 万 t/a，化工生产设备每年排放 VOCs 达 16.5 万 t，其中设备泄漏贡献达 2.1 万 t，而阀门和连接件的排放占泄漏排放量的 90%，其中阀门是最重要的排放源。而相关研究表明，开放式管线和采样连接件占泄漏排放量的 5%～10%。EPA 在对泵、阀门、连接件、开放式管线、采样连接件、减压阀等各类高泄漏原因进行分析的基础上，提出了泄漏检测和修复（LDAR）计划。实践表明，执行泄漏检测和修复计划，可使炼油厂设备泄漏排放量削减 63%，化工生产设施泄漏排放量削减 56%。此外，实施泄漏检测和修复计划减排，不仅可以降低生产损失，更能增加工人和操作人员的安全性，减小周围社区的暴露，降低排污费，帮助企业主更好地守法。即便如此，1999 年开展的 17 家典型企业 VOCs 泄漏排放的比较监测表明，由国家执法调查中心（NEIC）开展的比对监测结果与企业自行监测结果相差了 10 倍，表明企业并没有严格按照有关要求进行无组织泄漏检测。据 EPA 统计，因炼油企业对泄漏鉴别和设备维修不足造成每年增加 80×10^6 lb[①]的 VOCs 排放。

（一）泄漏定义

方法 21《挥发性有机物泄漏的测定》要求测定 ppm[②]级 VOCs 泄漏。无论何时，只要浓度超过法定阈值，就需要对设备进行泄漏检测。绝大多数的新源排放标准（NSPS）泄漏定义为 10 000 ppm，多数有毒空气污染物国家排放标准泄漏定义为 500 ppm 或 1 000 ppm。许多设备泄漏法规也根据视觉（在组件或组件周围有液滴、喷溅、浑浊）、声音（如嘶嘶声）和气味来定义泄漏。

---

① 1 lb 约等于 0.45 kg。

② ppm=10^{-6}。

（二）泄漏检测和修复主要内容

泄漏检测和修复计划需要对监管要求和与具体设施要求的有关记录进行保存、监测和修复的程序。其书面计划要说明泄漏检测和修复团队中的每一个人的作用，也要将所有要求完成的程序和数据采集制成文档，以便于追责。该计划应识别出所有的需要遵守联邦、州和当地泄漏检测和修复法规以及更新法规中所包含的工艺单元。泄漏检测和修复计划的构成要素有各单元泄漏率目标、所有可能泄漏 VOCs 和挥发性有害废物（VHAPs）的设备、工艺单元内泄漏设备程序、修复和追踪泄漏设备的程序、评价新设备或设备替换评价流程、泄漏检测和修复人员名单及责任以及评价程序。书面泄漏检测和修复计划完成后，30 日内向 EPA 和州相关机构提交复印件。

（三）法规要求

新源排放标准、有毒空气污染物国家排放标准、州行动计划、资源保护和恢复法（RCRA）和其他州或当地政府法规中要求制订泄漏检测和修复计划。其中新源排放标准设备泄漏标准与无组织 VOCs 排放相关，并且适用在新源排放标准提出后的有关固定源建设、改建和重建等活动，有毒空气污染物国家排放标准设备泄漏标准适用于新建和现存固定源的 VHAPs 的无组织排放。有 25 个联邦标准要求设施实施泄漏检测和修复计划，并要求实施泄漏检测和修复计划，采用方法 21 开展 VOCs 泄漏检测。此外，还有其他 28 条联邦法规，要求采用方法 21 开展泄漏检测，但并未提出泄漏检测和修复计划要求。

（四）泄漏检测和修复违法行为认定

泄漏检测和修复计划通常包括 4 个过程：确定组件是否包括在泄漏检测和修复计划中、对认定组件进行常规监测、修复全部泄漏设备、报告监测结果。企业如在上述 4 个过程中存在违规问题具体由 EPA 大区办公室、州环保局或地方大气委员会负责，根据相关法律规定来执行。许多监管机构基于审查企业提交的文件判定企业的泄漏检测和修复计划守法情况。也有一些机构进行走访检查，审查现场保存的泄漏检测和修复记录。

常见的违规问题有：没有在清单中识别出所有受控的组件或单元；未监测组件；没有充足的时间确认泄漏；把探针放在远离组件接口的地方；没有使用符合方法 21 第 6 部分规定的仪器；不正确识别监测"不安全"和"有困难"的组件；在修复延迟表中填写了不正确的组件/单元。

（五）完善泄漏检测措施，促进守法

尽管当前泄漏检测和修复计划没有要求，但仍有一些实践操作能有效提高监测数据及泄漏检测和修复计划被遵守的可靠性，包括设置泄漏检测和修复协调员（律师）、对工厂操作人员进行培训、提高检测人员素质、使用更低的泄漏定义标准、提高监测频率、建立质量控制程序，以及国家环境政策和技术咨询委员会鼓励石油精炼厂工作组寻找高费效比方法，采用快速鉴别大多数重要泄漏的新技术识别企业发生重要泄漏的组件。

（六）红外成像仪检测标准及实践

方法 21《挥发性有机化合物泄漏的测定》是美国颁布的 VOCs 有机泄漏测定的便携仪器设备标准。方法 21 适用于检测工艺设备的 VOCs 泄漏，但其宗旨是泄漏定位和分类，不能用于直接测定污染源的质量排放速率。其监测范围包括但不限于阀门、法兰和其他连接件、泵和压缩机、减压设备、工艺排水管、开放式阀门、泵和压缩机密封系统排气通风口、蓄电池排气口、搅拌器密封件、接触门密封件。

虽然该方法规定了可将便携式设备用于检测污染源 VOCs 泄漏，但只对仪器性能标准和具体要求进行了详细规定，未明确监测仪器类型。在方法 21 第 6 部分，提出了 VOCs 监测设备规格要求：VOCs 仪器应在测量过程中对化合物有响应，仪器可测量法规中指定的泄漏定义浓度、仪器可读范围在泄漏定义浓度的±2.5%区间，仪器要配有电子泵，仪器要配有外径不得超过 6.4 mm 的探针，仪器在易爆环境中可安全使用。

四、先进监测技术

先进监测包括采样和分析设备、系统、技巧、实践和监测的测定污染技术的集合。先进监测技术包括点源排放量监测和大气污染物监测两种技术。先进监测技术的特点是可以实时监测污染物，数据可以更清晰地解释特定目的，相比传统技术更经济，能提供更完整的污染物信息。

（一）连续排放监测

连续排放监测可提供更完整的排放量数据，提供源的实时数据，可以使设施迅速判断出现的问题并采取准确的应对措施。连续排放监测已经使用许多年了，并不属于新技术，但现在仍不断开发监测新污染物的连续排放监测。在美国的环境执法体系中，连续排放监测数据是首要证据。其实施规则需要有合规性方案和数据验证。为了保证质量，需要有预防性维护程序及实施时间表，以及实施过程中的程序记录保存、质量测试程序和调整监测系统的程序。

（二）光学监测技术

借助光学成像设备可以在远距离和黑暗中观测到污染物。该技术可检测肉眼不可见的泄漏，也可以对可见排放进行准确评价。虽然这些设备不能对污染物进行定量测量，但它们对污染物存在和密度的确认还是很有价值的。前视红外相机能用来发现无组织排放，如石油储罐的 VOCs 泄漏、天然气设施的甲烷泄漏。光学监测常用于测量烟羽的不透明度，在一些标准中也已经被批准为传统简单目测评估的替代方法。美国石油化工总公司对排放污染物泄漏的检测、来宝能源对石油储罐泄漏的监控、EPA 对甲烷泄漏的检测等实例都运用了光学成像设备。

（三）低成本的小型传感器监测技术

空气污染的监测方法通常使用昂贵、复杂的固定设备，限制了数据收集的人员、数据收集的原因以及数据访问的方式。随着低成本的、易于使用的便携式空气污染监测仪（传感器）的出现，可以近乎实时地提供高时间分辨率数据，传感器的发展有助于增强现有的空气污染监测能力，并可能将此类传感器应用于新的空气监测应用中。空气污染传感器可分为两大类：一类用于测量气相物质浓度，依赖于传感材料（电化学电池或金属氧化物半导体）与气相组分（如 NO_2、O_3、CO、$VOCs$）之间相互作用的传感器，测量可见光的光吸收（如 O_3 和 CO_2）或红外波长（如 CO_2）或通过化学发光（NO_2）的传感器；另一类用于测量颗粒物质（PM）质量浓度或颗粒物的各种性质。颗粒物可以通过振荡传感器元件的频率变化直接测量，或者使用将散射光与指定（例如，<2.5 μm）空气动力学直径 PM 质量相关的比例常数，通过光散射间接测量。

传感器技术在美国的空气质量管理中主要用于以下方面：①补充常规环境空气监测网络；②扩大与社区的对话；③加强对固定源的合规监测；④监测个人健康暴露。

（四）厂界监测技术

厂界监测包括在设施所在企业周边安装空气传感器。尽管它不是新技术，但在许可证或空气规定中得到了新应用。厂界监测是对在设施内排放点进行传统监测的补充，该监测直接与这些单位的具体守法要求有关。厂界监测评价设施所有排放在下风向的影响，捕集点源排放和无组织排放，也可用于排放污染物复杂、难以查明排放源的大型、复杂设施。通过气象信息与环境信息的结合，厂界监测数据可用于评估设施排放对周边环境和社区的潜在影响。上述数据也可以判定人群暴露问题，并通知当地社区有关吸入的空气质量。在 EPA 的要求之下，诸多炼油厂安装了厂界监测设备，并记录 $PM_{2.5}$、PM_{10}、CO、$VOCs$ 等气体的小时值，明尼苏达州对四砂加工设备发放的许可证也要求安装厂界颗粒物监测设备。

第四节　处罚手段体系

一、处罚手段分类

《清洁空气法》规定的主要行政执法措施包括行政检查和行政制裁（表1-4），其系统完备、程序缜密严谨，具有极强的可操作性，是主要的手段，而民事诉讼和刑事处罚是不可或缺的制度保障。各项机制的有机结合保障了《清洁空气法》的有效实施。此外，美国是联邦制国家，根据《清洁空气法》授权，州政府具有独立执法权，但 EPA 在历次《清洁空气法》的修订中，都积极致力于扩大监管和处罚权力，成为目前集执行权、准立法权、准司法权于一体的强势管理机构。更由于长期存在的双重执行体制，使 EPA 的执法权得到了空前的巩固[16]。

表 1-4　美国大气污染排放违法行为的行政处罚手段[17]

名称		定义	实施说明
行政检查	审查令	可以向空气污染物质排放源的所有者和经营者、污染减排设备的制造者，以及能够提供有价值信息的任何实体和个人提出的审查决定	当向污染排放实体发出审查令的时候，就足以说明 EPA 对该实体目前的污染减排活动存在怀疑。通常该审查令设定数月甚至数年的期限，要求接受审查的实体在期限内提交所要求的信息和数据。EPA 的有关人员，可以采集污染物质样本、复制相关数据和信息、审查污染检测仪器的运行等。EPA 的初级审查范围是非常广泛的，是进行民事执行活动的最有力的工具之一，并且审查结果也往往能够得到司法机关的支持
	强制搜查令	经地方行政官申请，由法院的法官依法发出的、向某人或者某企业强制搜集违法证据的法令	该次审查的目的带有刑事审查的倾向，因此接受审查的企业和实体有必要派出一名刑事律师全程陪同审查活动，以确保审查范围的适当性；同时，还应派出一名随同人员全程配合审查活动，详细记录该次审查的目的、时间、项目、审查人员以及审查人员获得的数据和信息

名称		定义	实施说明
行政检查	行政传票		1990 年《清洁空气法》修正案扩大了行政传票的适用范围和使用权限，规定 EPA 可以通过发出行政传票的方式要求接受审查的企业和实体提供有价值的数据和信息、呈递产品相关文件、承担调查中的举证责任、配合审查活动等。在接到行政传票后，即便是涉及商业秘密的重要信息也必须毫无保留地呈递 EPA 进行参考，而这部分信息仅限于审查使用，不会向社会大众进行公示。但是"污染排放数据"则并不享有与商业秘密同等的地位，在收到申请的条件下，EPA 必须把所掌握的"污染排放数据"向社会大众进行公示。尽管行政传票本身并不带有敌视的性质，但是仍旧允许律师陪同接收人向 EPA 提交要求的文件
行政制裁		是指 EPA 或州政府不经法庭诉讼程序而直接对相对人采取的处罚措施	由于 1990 年《清洁空气法》修正案进一步明确了行政实施手段的使用权限，EPA 得以避免通过耗费巨大的司法诉讼来解决争议，行政实施手段也日渐发挥出巨大的作用
	违规通知	向违法企业发出的、告知其行为已经被认定为违法行为，并将对该违法行为处罚的通知	禁止违规企业和实体通过其违规活动获得不当的经济利益。违规处罚将从违规企业和实体接到违规通知时开始计算。当违规企业和实体接到违规通知后，违规的企业和实体应当按照要求计算获得的"不当的经济利益"。违规通知是违规处罚的前置程序，因而允许违规企业向 EPA 提出申诉，要求撤销违规通知。根据美国《行政程序法》的规定，EPA 必须就此举行听证听取当事人的意见，以确保其合法权益
	违规处罚	针对违法企业的违法行为所做出的经济制裁，其数额主要取决于违法所得和违法行为的严重性及后果	对违规处罚的金额不设上限，而具体数额则主要取决于违规行为的严重程度和"不当的经济利益"具体数目。同时对违规企业和实体进行违规处罚的权力，也可以由州政府代为行使。另外，违规处罚并不代表对违规企业的最终处罚，因此其并不排斥依据《清洁空气法》其他条款、其他法律甚至地区性法规，对违规企业和实体进行其他的民事制裁和刑事制裁

名称		定义	实施说明
行政制裁	行政执行令	向违法个人和实体发出要求其履行法律规定义务的行政决定	行政执行令应当明确指出违法的行为，并提供一段合理的危机解决期限，但是该期限不得超过行政执行令起的一年时间。在确定解决期限的时候，EPA应当综合考虑到违法行为的严重性，以及违法企业和实体的实际执行力。向污染排放企业发出的行政执行令必须发往该企业负责人，同时将复制的行政执行令递交该企业所在州的空气污染物质管理机构。接收到行政执行令的污染排放企业都有机会向EPA提起申诉的权利。污染排放企业可以向EPA提起抗辩，并提供有力的证据要求其撤销行政执行令。当EPA认定州政府未对"重建"和"改建"源进行合理监管时，将会向该州政府发出违规通知，同时向污染排放企业发出行政执行令
	行政制裁令	1990年《清洁空气法》赋予了EPA发出另外一项行政命令的权力，即对固定污染排放源的违规行为进行制裁的行政制裁令	该法令可避免过程复杂的司法诉讼，直接对污染排放企业实施制裁。行政制裁令可以不受罚款总额和时间的限制。在接到"行政制裁令"之后，污染排放企业有权在30日内要求EPA召开听证会，听证会的过程应当按照《行政程序法》的有关要求进行。行政制裁令的罚款数额应当依据"民事制裁守则"的规定，并考虑污染排放企业实际造成的损害而确定。通常情况下，这一数额将包括污染排放企业的不当得利数额，并根据违规行为的严重程度增加一定数额的惩罚性罚款来确定
	突发事件行政命令	对可能造成重大的污染事件危害"公众健康""公共福利"以及自然环境的空气污染物质排放源，发出的立即停止排放行为的强制命令	由于突发事件行政命令措施严厉、后果严重，所以只在下列条件下适用：①排放源所排放的空气污染物质可能将要造成危害"公众健康""公共福利"以及自然环境重大的污染事件；②该违法行为足以促使EPA向地区法院提起相关的民事诉讼；③情势紧迫，民事诉讼不足以在合理有效的时间内保护"公众健康""公共福利"以及自然环境。在发出该命令之前，EPA必须向排放源所在州政府以及当地的行政管理机关征求意见，以确认该命令发出的合理性和必要性

名称		定义	实施说明
行政制裁	民事诉讼	对污染排放源的经营者和拥有者提起民事诉讼，请求法院对其违规行为进行民事制裁或者实施永久禁令	民事诉讼常作为刑事诉讼的前置方案。民事诉讼的原告既可以是个人、州政府和机关，甚至联邦政府部门，而诉讼的结果则可能是禁令或罚款，也存在二者均有的情况。尽管《清洁空气法》规定民事执行诉讼主要应当由州政府机关提起，但是EPA仍旧保留有相应的诉讼权利
	刑事诉讼	对严重污染环境触犯刑法的行为，EPA和司法部向法院提起刑事诉讼，请求追究违法的企业和实体刑事责任的措施，是《清洁空气法》最严厉的措施	其特点：①追究的对象是造成严重空气污染的企业和实体及其负责人；②只能对法律明文规定的违法行为采取刑事执行措施；③对《清洁空气法》所要求的各项报告、文件、证明作虚假陈述，也构成刑事犯罪。个人为主体，被判以"重罪"，则其将面临最高达到25万美元的罚款，或者处以违法所得双倍的罚款，并处最高达5年的监禁。企业和实体为主体，面临最高达到50万美元的罚款，或者处以违法所得双倍的罚款。如果同一企业和实体因为再次违反相同的法律规定而受到刑事制裁，则原本的徒刑和罚款上限也将得到相应的提高

在具体执法过程中，根据违法企业的不同情况和违法后果，选择适用的执法手段。总体来讲，执法手段包括如下3类。

（一）非正式执法手段

非正式执法手段，包括口头或电话告知、警告信、违法通知、同意令。该手段一般在现场检查后做出。同意令是指如果违法通知不能见效，EPA或州执法机构可能会在与违法者协商后达成的一项守法协议，其中包括罚款。

（二）正式执法手段

正式执法手段是EPA/州统计执法成果、向国会/EPA报告的依据。正式执法手段以行政命令为主，主要包括守法命令、紧急命令、经济处罚、暂时或永久性吊销许可证或执照、关停生产设施、拒绝给予政府资助、反面宣传等。在具体执法过程中，其执行程序是：在违法通知发出 30 日后，如违法行为继续则对违法者发布守法命令，责令其纠正违法行为。

（三）民事与刑事处罚

民事司法执法中，法院主要采取的处罚手段包括禁止令、罚款、强制执行行政处罚、对拖欠行政罚款的实施罚款。如果违法性质恶劣、后果严重，EPA 将向司法部移交案件，由司法部向法院提交刑事诉讼。在美国可以提交的刑事诉讼的环境犯罪类型有蓄意违法行为、伪造数据与文件、没有许可证、擅自改动监测设备和重复性的违法行为。EPA 在其中承担认定犯罪、逮捕罪犯、协助检察官对重大环境违法行为定罪等职能。各州的执法机构可以运用的执法手段与 EPA 相类似。

二、执法处罚特点

（一）以环境效益和执法效率最大化为目标

美国环境执法的一个突出特点是执法处罚并不以处罚为目的，而是以环境效益和处罚效果最大化为目标。在执行层面，通过与企业协商尽可能地将处罚不升级为诉讼，尽可能地把案件限制在自己的权力范围内解决。

在非正式强制执法阶段，发现企业违法后，EPA/州执法机构发出警告信、守法命令或违法通知，对企业的违法行为进行警示、责令改正并指出可能的处罚。在这一阶段，企业可以与执法者进行协商，以明确其具体违法行为和相应的改正措施。即使在法院介入后，被告也可以与执法者进行协商，达成具有法律效力的"和解协议"，签订和解协议书。达成和解协议后，一般可以减少经济处罚，但要达成"补偿环境项目"，以缓解污染与降低环境风险。在所有和解协议中，都会规定约定处罚。约定处罚是指各方当事人在和解协议中同意的、针对违法协议条款所进行的处罚。其同样采用按日计罚的方式。补偿环境项目是指被告没有法定义务进行，但在和解针对其执法行动时，同意进行的环境受益项目。该项目共有 8 类：公共健康项目、污染预防项目、污染减少项目、环境恢复和保护项目、评估和审计项目、促进环境守法项目、紧急情况规划和准备项目、其他类型项目。

（二）增大法律震慑力度

经济处罚是环境执法中最常用的处罚形式，其处罚数额由三部分构成：基于违法收益的处罚、基于违法情节严重性的处罚、基于违法行为持续多日的处罚。为了保障罚款手段的法律震慑力度和科学性，EPA 创造了一个基于违法情节和后果潜在危害严重性的矩阵，根据该矩阵选择每日处罚的最低数额。同时美国每日处罚制度的特点是只规定每日处罚的上限，罚款总额没有上限。对于持续性环境违法行为实施按日计罚，罚款数额巨大，以美国电力服务公司案为例，根据和解协议，该公司需要支付 1 500 万美元的民事处罚，还将投入 6 000 万美元开展或资助补偿环境项目。为了履行该协议，美国电力服务公司的总投入将超过 46 亿美元。

（三）增大行业示范效应

为了履行 1990 年《清洁空气法》修正案的执法职责，EPA 把管辖范围扩展到了几乎所有的工业企业，监督对象扩展为包括石油冶炼业、造纸业甚至生物乙醇制造业等几乎所有企业。由于民事诉讼的双重执行体制，在许多案件中，EPA 通过独立于州政府机关的另行诉讼推翻了由州政府机关做出的裁定。虽然这给广大的工业企业决策带来了巨大的不稳定性，但大部分法院却支持 EPA 对州政府机关已经做出的决定享有的审查和处理权力。并且 EPA 对于工业企业执行活动的直接干预，又常以和解协议的方式终结。因此，其他尚未受到影响的企业通常也会参照和解协议要求的标准规范其污染排放活动，使 EPA 与单一污染企业达成的和解协议，在整个行业都具有普遍适用性，具有行业示范效应。

第五节　现场执法体系

一、检查人员及认证

EPA 的检查人员来源有 EPA 工作人员、承包商，以及持有联邦执法监察证的州和部落检查人员等。对检查人员的培训和认证由 EPA 统一负责管理，包括基本培训、健康安全培训（不少于 24 h）、监管权利、某一特定源类的监管。涉及内容有：法律法规；进入权利；沟通技巧；检查人员的权力和职责；预期危害的性质；紧急援助和自救；有关车辆的强制性法规；安全使用现场设备；使用、管理、储存和转运危险材料；个人防护设备及其穿戴、使用和维护；安全采样技术等。检查人员在进入设施或现场前，常通过预检查活动获得有关现场的一般信息。在现场活动包括出示执法证以获准进入设施、确认设施代表性并与各类人员面谈、宣布检查目的、采集样品、审查各项记录、审查工艺及控制设备、撰写检查报告、召开结束会议等[18]。

除需要判定守法情况外，在现场检查期间，高达 75%的检查人员还提供了守法援助[19]，包括对法律法规的解释、技术指南和预指导等文件信息、相关政府和非政府机构的援助信息、设施的工艺和保修信息、小企业信息表、污染防治的相关技术及实践、目测可见对象的守法问题、EPA 审计政策和小企业自检政策、简易技术及污染减排资料的出版建议、EPA 开发和认证的污染控制措施、解释法规或指南中有关样品采集的要求以及州对管控设备的要求等。

二、启动机制

（一）守法检查

守法检查是 EPA 守法监测计划的一个重要组成部分，是 EPA 及地方政府官方评价设施是否遵守环境法规和要求的重要工具[20]。检查是参观设施或现场（如商业企业、学校、填埋场），通过采集信息来判定是否守法。如果在检查期间观察到设施有修复或纠正了违法行为，务必记录在检查报告中。在结束会议上，检查人员会与企业分享或提供守法状况的评估结果，以及观察到的潜在违法行为，这个初步评价结果可能会根据新收到的守法和执法信息进行修改。

以下以高风险设施守法检查流程为例，对检查的各步骤进行详细的说明。根据 EPA 政策，大区办公室应优先检查高风险设施。高风险设施包括位于有大量人口生活的社区、情况最坏的环境脆弱区内；历史上发生过大量的意外泄漏事故；生产现场有大量的受控物质（或有多种受控物质在阈值之上）。同时 EPA 希望每一个风险管理规划（RMP）设施能定期进行检查。检查风险管理规划设施的人员组成通常既包括当地消防负责人、应急管理机构工作人员和环境管理工作人员，也包括提供技术支持的专家等。根据规定，设施操作人员和劳工代表也拥有同样对任何工作场所检查的权力。

第一步，选择风险管理规划受检设施。根据该设施发生意外史、受控物质数量及是否存在特征物质、是否靠近大型居民社区或生态环境脆弱区、是否有危害性、是否有中立的监督计划等原则来筛选。

第二步，非现场活动。在进入设施前检查团队需要召开计划会议，并向受检企业发出通知信，要列出到达的日期、时间和地点。会上负责人要向全部检查人员简要说明检查的基本工作、检查报告分工，确定相关法规需求（如动火作业许可）；制定检查进度表（日程表）；核实每个检查人员的进入权；审查任何一个现场工作人员的健康和安全问题，如有必要还需制订现场安全防护计划；审查设施提交的风险管理规划，并预评估与守法要求的一致性；对企业商业机密信息保护的规定。同时，检查组准备开展现场检查活动所需的主题和问题清单，通过充分的准备活动，将现场设施检查时间降到最低。

第三步，现场活动。包括合法进入、开门会议、采集与分析信息、约谈工作人员和劳工代表、闭门会议。在合法进入环节，如遇到企业阻挠，不让检查人员进入企业，或要求检查人员放弃官方身份进入，都属违法行为，均需要记录在检查报告上。开门会议除了说明检查的目的，还要求企业配合检查，提供必要的信息，包括有害性评估文件、5 年事故发生历史及记录（包括泄漏报告，原始通知）、工艺流程有害性分析或审查文件、标准操作程序、对全体工作人员的培训记录（如通讯、紧急情况响应）、设施启动前安全性审查、完整的维修记录、热加工许可计划、有关工艺流程变更管理的书面程序、有工作人员参与完成的行动计划、工艺流程的安全性信息、事件调查报告、设施的紧急情况响应计划、2 个最近的守法审查报告、与当地政府在紧急响应活动上的合作文件。采集的信息类型包括采样设备备忘录、准则、安全操作规程、政策声明（例如安全措施、责任关怀），以及设施与执行机构之间的通信图形材料，如照片、地图、图表、地基规划、组织结构图。在闭门会议上，检查组要帮助企业管理层和劳工代表了解有用的标准、准则或资源；对需要立即采取补救措施的要进行通报。但是不能告知已经观察到的违法行为以及会影响后续执法行动的相关内容。

第四步，结束活动。在现场检查完成后，检查组要尽快召开跟进会议，完成检查报告。内容包括设施以及联系人的一般信息、工作人员和劳工代表信息、检查日期和检查人员、检查活动、现场观察、工作人员访谈、是否提供守法援助、检查期间守法行为、设施选择理由以及最终观察结果等。每一项观察结果都应有通过检查文件、采样、访谈和走访设施等途径收集信息的支持，并将相关内容记录下来。初步的检查结果还应在综合分析适用规定、法规、标准和指南的基础上，附上相关建议。根据各大区实际情况，可能会分别向设施的所有者/运营者、劳工代表、州应急响应委员会、当地应急计划委员会，以及其他联邦机构、州和当地管理机构的其他部门，提交一份检查报告复印件。

第五步，检查后行动。检查后的行动在很大程度上依靠检查员的观察结果和检查中获得的信息。如果依据上述结果做出企业有违法行为的判断，执行机构就会根据法律的相关规定选择不同类型的执法行动。这些行动包括发布违法通知、行政命令、罚款处罚、禁令救济和补充环保项目。需要注意的是，检查并不一定导致执法行动。如果执行机构认为没必要采取执法行动（如在检查中仅发现了微小的瑕疵），其可能会选择不采取检查后行动或提供守法援助来解决。这类守法援助通常包括向设施所有者/经营者提供培训、法规指导、参考材料或其他信息。但是，一旦执行机构对相关不守法事项有自由裁量权并慎重考虑采取执法行动后，检查人员、诉讼官员和法律顾问要通力协作。

（二）民事调查

守法检查报告与其他资料一起提交给政府管理机构审核，管理机构通过相关信息判定企业的守法情况。记录审查可以与现场检查相配合。常规审查记录包括《清洁空气法》下的 Title V 许可证证书。当检查或记录审查暗示设施有严重、广泛或持续的民事或刑事违法行为时，将依法开启民事调查。此外，当企业遭到公民持续投诉、设备持续不守法排放、其他机构转交违法线索以及经管理机构研究，表明有潜在守法问题时，都可以启动民事调查。相比一般检查，民事调查对设施的评估更广泛且详细，需要的时间也更长，常达数周。受到民事调查的企业，通常会被询问有关设施运转、记录、报告，以及其他能验证或证实设施或场地守法状况的文件。这种信息提供要求是强制性的，必须以书面形式提交。

（三）刑事调查

刑事犯罪线索来源多种多样，包括 EPA 大区和州提供的线索、工人匿名举报以及从其他执法机构转来的信息。线索由特别探员（SAC）在 45 日内判定其是否可以启动检查或转交到别处。影响刑事犯罪线索判定的因素包括违法行为是否导致真实的或潜在的危害，以及不同立法、技术、法律等。刑事调查处（CID）不单单论证是否有可信的犯罪行为，更关注这种违法情况是否值得投入本就稀缺的调查资源。在国家层面，刑事调查处最多仅将20%的线索立案，接近1/3的案件在审理中受到刑事指控，这与其他联邦执法计划相近。

刑事调查处使用的刑事调查技术与其他执法伙伴使用的技术相近。在接到线索信息案件后，审查州和联邦环境记录及数据库，以确定可疑公司监管历史或个人犯罪史情况。在所有的案件中，约谈证人可详细了解事实情况，也常将传统的暗察和技术调查手段结合使用，比如监视设备或可疑个人，对其存在犯罪行为发出大陪审团传票（通过司法部）、搜查令。刑事调查处的调查工作由专业探员来执行，并受特别探员监督。调查后大区刑事执行法律顾问提供法律报告。

在执行犯罪搜查期间，法庭证据如采样、监测、现场文件均由国家执法调查中心（NEIC）人员提供支持。除现场支持外，国家执法调查中心还为认证的实验室提供法庭证据。国家执法调查中心采用多种多样的分析技术支持刑事和民事调查，其实验室分析集中在确认并定量污染物、采用多种技术比对污染物来源，以及进行应用性研究。国家执法调查中心信息技术能力由专业人员负责提供，其支持现场调查和实验室科学。专业服务包括记录和文献管理、技术编辑、可视图像，以及环境取证实验室维护，以提供丰富的信息服务。直接项目支持包括为报告和专家意见提供统计和数据分析。国家执法调查中心也建有实验室信息系统，支持科学和调查活动。

第二章　英国大气固定源执法监管体系

英国现已通过脱欧法案，目前很多环境监管方法、标准仍以欧盟为主体，但英国继续实施独立执法监管。欧盟大气环境标准中规定了固定污染源的概念，是指位置固定而不改变且排放超过一定数量水平的污染源，其包括所有向空气排放污染物的装置、仪器或设施等。

第一节　欧盟大气环境执法监管体系

欧盟环境监管执法主要是通过欧盟进行环境监管立法，各成员国在其基础上独立立法执行，欧盟主要通过立法、监督进行环境管理。英国大气环境管理主要是参照欧盟环境立法来实施。大气环境管理主要是通过大气环境标准立法来实现，大气环境标准可分为环境空气质量标准、大气污染物排放标准和大气环境监测方法标准三大类[21]。其中，环境空气质量标准依据环境基准制定，重点关注环境空气中主要污染物含量对人体健康及生态环境的"剂量-反应"关系，不强调达标的技术可行性和经济成本；大气污染物排放标准依据各相关行业技术经济发展水平制定，不从健康要求"倒推"；环境空气质量标准和大气污染物排放标准是直接具有法律约束力的环保技术法规，而大气环境监测方法标准是技术方法，强调数据获取方式的规范性、准确性。

一、大气污染物控制标准

2008 年欧盟理事会和欧洲议会联合批准的《欧洲环境空气质量与清洁

空气指令》（AAQD，Directive2008/50/EC）集中体现了过去数十年欧洲环境健康调查和环境基准研究成果，在排放标准方面，2010 年欧盟在原有的《综合污染预防与控制（IPPC）指令》基础上，制定了《工业排放指令》（IED，Directive 2010/75/EC），对各成员国依据该指令制定排放标准的最佳可行技术（BAT）原则做了全面、详细的规定，包括如何制定最佳可行技术文件（BREF）[22]，并发布了一系列适用欧盟全境的最佳可行技术文件。

欧洲环境标准结构主要体现在三点：一是大致分为质量、排放、监测三类标准；二是环境质量标准统一性，《欧洲环境空气质量与清洁空气指令》规定的环境空气中各类污染物标准值、目标值、评价方法适用于各成员国全境；三是排放标准层次性，《工业排放指令》规定的一般工业污染预防与控制要求适用于六大类 76 小类行业，但仅对 50 MW 以上的大型燃烧设施、废弃物焚烧设施、有机溶剂使用、钛白粉行业等少数具有显著跨国环境影响的行业、领域规定了排放限值，各成员国可以依据《工业排放指令》对其他行业补充规定排放限值或对上述 4 类行业、领域规定更严格排放限值。在体例方面，《欧洲环境空气质量与清洁空气指令》和《工业排放指令》均以欧洲议会和欧盟理事会联合批准的法律形式发布，内容除规定限值指标外，还大量规定了监测、评价、许可、报告、监督等相关管理要求，同时排放标准围绕影响环境质量的主要污染物规定相关行业、领域排放控制要求。

二、大气质量监管标准

欧盟对各项空气污染物设定了极限值，是硬性的空气质量标准要求。欧洲空气质量标准中对 SO_2、NO_2、PM_{10} 和 O_3 设定了 1 年或 3 年内允许超标的天数或小时数，从而在评价空气质量是否达标上具有一定的弹性空间；另外，对某些污染物的要求非常严格，例如 PM_{10} 和 $PM_{2.5}$ 的年均值，不允许出现任何超标天数。在适用范围上，欧洲空气质量标准的各项污染物极限值适用于欧盟成员国的任何区域，无论是清洁乡村地区还是工业和城市群集中区。在欧盟 2008/50/EC 指令中，还有人体暴露浓度限值、空气质量警报阈值等，并针对部分污染物设定了其他限制值，这些限制值的设定目的不同。例如对部分污染物设定了目标值（target value），即在一定时间内需要达到的一种方向性的浓度限值，如要求 $PM_{2.5}$ 的年均值在 2020 年达到 20 µg/m³。在正式生效之前，目标值仅是一项改善空气质量的软性要求，不作为空气质量评价的依据。

因此，在欧盟 2008/50/EC 指令中，通过设置大气污染物的极限值、目标值和责任暴露浓度 3 项限值，从 3 个方面综合控制，达到管理好大气排放，逐步降低并控制大气污染物浓度。

三、监管执法实施方式

欧盟环境标准充分体现了其对环境管理战略的重视。欧盟主要通过《欧洲环境空气质量与清洁空气指令》和《工业排放指令》两大抓手实施管理，以保护和改善环境质量为目标而开展环境管理执法。

欧盟环境质量目标约束性强，《欧洲环境空气质量与清洁空气指令》确定了大气污染物的一系列"软""硬"浓度限值，而不是简单规定一个标准值。欧盟委员会负责监督成员国将《欧洲环境空气质量与清洁空气指令》转化为国内法律及其实施情况。在《欧洲环境空气质量与清洁空气指令》规定的实施标准值最后期限临近时，欧盟委员会将对预期无法按时达标的成员国提出警告及建议，敦促其采取措施按期达标；对于到期无法达标的，欧盟委员会将向欧盟法院（ECJ）提起诉讼，由欧盟法院判决未达标者采取措施限期达标（2010 年以来欧盟法院对这种情况也曾采取部分处罚）；首次诉讼后仍然无法实现环境质量达标的，欧盟委员会将向欧盟法院提起第二次诉讼，欧盟法院将判决超标成员国按超标时间缴纳罚金，视超标环境功能区大小、人口数量不同，每超标 1 天处罚 1.37 万～82.3 万欧元。

《工业排放指令》是对工业设施即固定源的排放实施控制要求；对未直接规定排放限值的行业、领域，由成员国通过国内立法补充制定排放标准，如德国将欧盟排放指令转化为《联邦污染控制法》（BImSchG）及其系列实施条例（BImSchV），并配套制定了空气清洁技术标准技术法规，规定了 240

多种污染物排放限值。由于立法层次较高，欧盟指令及其转化的成员国法律涵盖工业、农业、交通、消费等各个领域，对环境影响较大的生产环节、末端治理、产品特征（如油品质量、溶剂成分等）等均可做出统一规定。

与此同时，环境信息公开贯穿始终，其督促欧盟各国开展环境执法工作。欧盟早在 1993 年就成立了欧洲环境署（EEA），专门负责收集、汇总、发布成员国环境数据信息。《欧洲环境空气质量与清洁空气指令》和《工业排放指令》都有多处内容对环境报告等信息公开问题做出规定，对需要面向社会公众公开的环境信息内容、公开方式更是设立专门章节做了全面、详细的规定。欧盟及其成员国政府建立了比较完善的环境信息公开制度，使社会监督到位、有力。

第二节　英国大气固定源执法监管体系

一、英国环境监管体系

英国大气固定源执法监管体系如图 2-1 所示。

英国在环境管理方面成立了环境、食品和农村事务部（Defra），其主要负责将欧盟的环境指令转换到英国环境法律体系中，并负责解释境内所有的环境政策，目前颁布的法律中与大气固定源相关的有《环境保护法》《清洁空气法》和《气候变化法》[23]。而英国环境监管的权力分别依托英格兰、苏格兰、威尔士和北爱尔兰四大行政区独立执行，各行政区会依据区域内的资源、环境现状来制定合适政策指南，也会将欧盟的环境指令进一步转换到行政区的法律制度中[24]。

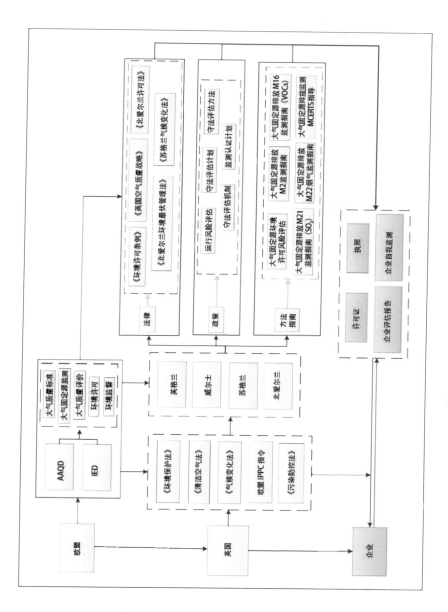

图 2-1 英国大气固定源执法监管体系

（一）英格兰和威尔士

英格兰和威尔士于 1996 年成立了英格兰威尔士环境署，其是两个行政区内主要的环境监管部门。该环境署是独立的公共机构，主要负责工业、放射性物质、废水排放许可和废气管理的申请以及受污染土地的监管，同时还包括广泛的水务管理职能。

英格兰、威尔士已颁布执行的大气相关法律包括《环境保护法》《污染防控法》、欧盟《工业排放指令》《环境许可条例》等[25]。

目前，英格兰威尔士环境署负责制定行政区内更为详细的政策和指南，其下 8 个区域办事处和 22 个地区办公室主要负责政策法律实际执行，并履行以下环境保护管理职能：①一些《工业排放指令》设备以及非《工业排放指令》设备的许可批准、检查及执法，其中非《工业排放指令》设备只考虑那些涉及大气排放的设备；②管理地方空气质量，包括可移动源的大气排放；③处理土地利用规划及土地污染等问题；④对"法定的公害"（如噪声、恶臭和烟雾等）进行执法。地方议会官员可以发送一份通知书，要求被通知者停止制造污染物，如果通知不被执行，污染制造者将会面临起诉。

（二）苏格兰

苏格兰已颁布执行的大气相关法律包括《环境保护法》、欧盟《工业排放指令》《污染防控法》《苏格兰气候变化法》等[26]。

苏格兰行政区制定了区域内的环境政策，并进行环境立法。同时建立了苏格兰环境保护署（SEPA），其与英格兰威尔士环境署一样有独立的地位。苏格兰环境保护署总部位于斯特林，其下设有 3 个区域办事处和 21 个地区办公室。苏格兰环境保护署的职责与英格兰威尔士环境署的职责相似，且还负责监管非《工业排放指令》的固定空气污染源，而苏格兰地方机构只监管移动污染源。

（三）北爱尔兰

北爱尔兰已颁布执行的大气相关法律包括《环境保护法》《污染防控法》、欧盟《工业排放指令》《北爱尔兰许可法》[27]、《北爱尔兰环境良好管理法》[28]等。

北爱尔兰的环境部门（Department of the Environment of Northern Ireland，DoE）负责环境政策和环境立法的发展。北爱尔兰行政区政府成立了北爱尔兰环境局（Northern Ireland Environment Agency，NIEA），其与英格兰威尔士环境署、苏格兰环境保护署不同，它是监管部门，属于政府的一部分，而非独立的实体。它监管的对象主要包括主要的工业、放射性物质、对水体的污染物排放、一些企业排放的气体和废弃物管理。

二、监管对象、方式与人员

（一）监管对象

在英格兰和威尔士，约有 4 000 个《工业排放指令》设备的企业，1 万个认定的排放设施及 25 万个产生危险废弃物的设备；英格兰和威尔士所有《工业排放指令》设备中约有 2/3 的设备来自中小企业。在苏格兰，约有 800 个《工业排放指令》设备。在北爱尔兰，约有 300 个《工业排放指令》设备。

（二）监管方式

英国在管理企业排污时，主要通过许可证和执照两大方式来协同管理。英国许可框架内约包含了全国 2%的注册企业，但一般性法律也要求涵盖其他所有企业。例如，企业需要履行其在废气管理方面的合法排放义务，防止出现大气污染和水污染等，要运用最好的实践方式预防法定的危害，如果出现问题，就必须采取强制措施。

英国环境许可证没有有效期的要求，但要定期审核，审核时主要参考《英国环境许可最佳可行技术指南》（*Guidance-Best available techniques:*

environmental permits）[29]和欧盟的最佳可行技术文件。在英格兰和威尔士，环境许可证已在 2008 年实现了代替"污染防控"许可证及废气管理执照，其被纳入《环境许可条例》（EPR）的管辖范围内。环境许可证目前涵盖了《工业排放指令》、大气排放及危险和固体废气管理等领域。环境许可证由英格兰威尔士环境署和地方政府共同负责签发管理。在苏格兰，环境许可证只由苏格兰环境保护署签发。在北爱尔兰，环境许可证由北爱尔兰环境局和地方地方政府协同管理签发。

在实际操作层面，各行政区环境许可证监管方式略有不同。在英格兰和威尔士，许可证审核管理是由区域办事处许可团队工作人员负责完成，而实际检查工作由地区工作人员来执行；在苏格兰，许可批准以及守法评估没有进行制度上划分，实地检查人员也可以签发许可证，但为避免潜在利益冲突，检查人员与监管人员之间会进行定期轮换；在北爱尔兰，许可管理和现场检查都是由相同的环境执法机构人员来操作完成。

（三）监管人员配备管理

在英格兰与威尔士，环境监管部门约有 1.2 万名工作人员，其中约 1 000 人在英格兰威尔士环境署总部，剩余工作人员在区域办事处和地方办公室；在苏格兰，苏格兰环境保护署约有 1 200 名工作人员；在北爱尔兰，北爱尔兰环境局约有 700 名工作人员[24]。

各行政区环境监管部门为环境执法人员提供了约 300 个培训课程，其为了保障执法人员能够拥有相应的环境执法能力。培训结果由各级机构根据执法人员个人情况进行管理考核，地区环境署或环境局的培训部门负责整体检验培训的总体效果。

三、企业守法评估

英国企业守法评估是由政府颁布政策指导，企业独立实施执行，最终由环境监管部门审查管理。

（一）评估方式

英国各行政区环境监管部门执行一系列守法评估活动，包括抽样、评估报告、数据和程序，以及实地检查和审计等。实地检查时执法部门倾向于突击式检查，可以观察到设备日常的运行情况，在此检查过程中可以持续几个小时，或者持续一整天时间。审计是为了发现违法的根本原因，也是评估许可证的条件是否还能保持合适的环保水平。审计一般是提前规划好的，要通知经营者提供信息或安排特定人员到场。审计频率一般在一年2次，主要视生产设备的环境绩效状况而定。审计可能会占用一周左右的时间。

英国生态环境部门在环境守法评估实际工作中发现，关注原因比关注现象更能使企业违法行为大幅减少。未来以管理为焦点的审计工作将是一种常规性评估趋势。

（二）评估准则

目前，英国环境执法部门的守法评估活动是具有基于风险指向性来开展评估的[30]。对于环境许可规定的设备，主要有 4 种工具结合运用来规划守法评估过程，其分别是《运行风险评估》（*Operational Risk Appraisal*，Opra）、《守法评估计划》（*Compliance Assessment Plans*，CAPs）、《守法评估方法》（*The Methodology for Assessing Compliance*，MAC）和《守法等级机制》（*Compliance Classification Scheme*，CCS）。

（三）评估报告

企业评估报告需要参考英国颁布的《运行风险评估》准则。《运行风险评估》是一个风险评估工具，它能为企业生产、政府管理提供客观一致的可操作调节设施的环境风险评估。《运行风险评估》在采集信息过程中有相关收费制度，其会提示企业如何采取有效的信息通过《运行风险评估》适用评估，同时也要满足许可证要求。一般来说，所有企业应包括企业的生产位置、经营业绩、生产复杂性、排放量、法规守法评级等。特殊的生产企业也需满足针对特征生产方式、排放的污染物等采取《运行风险评估》来进行风险评估，满足环境排放要求。

在企业评估报告中，环境管理部门对企业评估过程中法规守法评级环节较为关注，它是评定一家企业满足许可条件下的环境监管守法信用度。法规守法评级是通过《守法等级机制》来计算评分企业的法规守法信用。同时，《守法评估计划》是将评估工作和未来几年可用的资源与《运行风险评估》风险预测相匹配；《守法评估方法》为企业提供各类守法活动评估指南。

总体来说，在评估过程中参照环境许可条例风险评估指南 [Environmental Permitting Regulations Operational Risk Appraisal（Opra for EPR）] 准则对生产企业进行遵守许可证的守法评级，评级分为从 A 级风险最小至 E 级风险最大，其可以为英国环境执法部门梳理出高风险企业，确定大气固定源重点监管对象[31,32]。

（四）企业自我监测

英国企业需按照欧盟碳排放交易体系（ETS）法规和英国的许可证要求或排放计划，向当地环境部门提供企业监测报告，该报告需包含企业当年 1 月 1 日至 12 月 31 日排放监测数据，并在次年的 3 月 31 日前进行验证。如果企业不按要求提交报告或未经许可进行排放活动，当地环境部门可以实施民事惩罚或刑事诉讼等。同时，企业必须保持记录所有相关数据和信息，经营多年的企业至少保留 10 年内的排放报告，环保执法部门将派审核员定期评审企业的生产排放数据。

企业自我监测的可靠性由环境监管部门根据监测标准指南来保障，但在苏格兰和北爱尔兰，由于没有企业自我监测相关要求的指南，企业自我监测的内容需让环境执法人员依照环境署指南逐一确定，规范企业合理达标排放。目前，英国颁布了大气固定源排放监测相关指导，企业需遵循此项监测认证计划（MCERTS）[33]。

四、制度保障

（一）资金保障

英国环境执法部门必须承担所有与许可、守法评估以及执法活动（包括员工聘用、配套服务）等相关成本。环境执法部门经费主要来源于行政收费和中央政府支持性拨款。其中收费机制包含许可证申请费、设备运营费、守法监测和执法费、变更费（需要许可证变更申请）。而苏格兰和北爱尔兰的收费水平相较英格兰和威尔士低，它们行政区内的地方部门也对许可、守法评估和执法活动进行收费，同时还获得中央政府支持性拨款环境项目经费。

（二）管理保障

由于英国环境执法体系有别于我国行政体制，其环境执法队伍管理方式主要是通过绩效评估来保障。英国环境执法部门运用"平衡计分卡"的方法来管理环境执法队伍，各个行政区环境部门都有独自的计分卡，而环保署也有一个整体的总计分卡。计分卡包括成果、过程、合作者、资源、服务标准、罚款数据等很多内部指标，综合评价执法行动的效率或结果。

第三节　英国大气环境现场执法技术要求

一、检查进入权

根据《2016 年北爱尔兰环境优化管理法案》[*Environmental Better Regulation Act*（*Northern Ireland*）2016]，英国环境执法部门进一步完善了审查进入权力的保障措施[28]。法律规定了执法检查人员具有对企业等检查对象的进入权力，并明确了被检查对象如果妨碍检查人员进入属于违法犯罪，同时规定了检查企业需向执法人员提供资料或相关设施，并协助执法人员检查。如果违反此项规定，执法人员可对企业进行起诉，进行相关处罚。另外在完善的保障措施中，进一步对执法人员的要求进行了细化，如包括行使此权力的时间限制、行使权力的人数限制、执行权力前的司法或其他授权规定、行使权力前特定期间内发出通知等。

二、检查方式及监测技术

英国环境执法检查主要是针对境内产生环境污染行为或怀疑在某些情况下将要发生的环境污染罪而开展执行。目前，英国大气固定源现场检查执法方式主要包括资料审查和现场检测两大方式。其中，资料审查主要包括企业的许可证、执照、企业评估报告和企业自我监测报告等；现场检测主要包括涉及大气固定源现场监测技术几种方法指南。英国在环境现场执法监测中，发布了一系列《技术指导说明》（TGN），以下几种方法指南涉及大气固定源现场监测，其属于能替代实验室分析方法的现场监测技术指南，在英国具有法律效力。

（一）固定源污染物排放监测指南（TGN M2）

固定源污染物排放监测指南提供一系列烟囱排放监测技术指导，对工业和其他各种的固定源排放起到监管的目的[34]。该指南详细介绍了现场执法立法框架、监测认证计划（MCERTS）及作用、对烟囱排放监测的不同方法、现场采样方式等，对监测指标的选取也提供了指导。

当前，烟囱排放监测方法主要分为两大类型：定期测量和连续排放监测系统（CEM）。定期测量是将一个测量监测定期进行，例如每 3 个月一次。样品通常来自固定源中现场排放，并进行现场分析（提取取样），其过程中可以使用仪器或其他自动技术。同时也可以使用手动技术，在现场抽取样品并在实验室中稍后分析。连续排放监测系统（CEM）属于持续进行的自动测量，其几乎没有数据产生误差。测量可以在固定源中进行，或在固定源排放附近结合仪器一起使用。在欧洲地区，连续排放监测系统也被称为自动测量系统（AMS）。

（二）烟气排放中挥发性有机化合物监测指南（TGN M16）

烟气排放中挥发性有机化合物监测指南为环境执法监测人员提供了如何监管排放 VOCs 的方法，并详细介绍了生产过程中对 VOCs 的定义及分类[35]。

《英国工业排放指令》曾将挥发性有机物定义为在工业生产过程排放的任何有机化合物，这些常在包括印刷、表面涂层、绘画、制造化学品、橡胶制造、木材和塑料层压或清洗等过程中产生。TGN M16 将 VOCs 定义进一步细化，其指在室温下有显著的蒸汽压力的有机化学品，如果被排放到空气中，将危害人体健康或对环境造成损害，它常包括脂肪族、芳香族、卤代烃、醛、酮、酯、醚类、醇类、酸和胺等不同种类的化学物质。英国根据 VOCs 对环境的危害，将其分为三大类：①危害极大——苯、二氯乙烷、氯乙烯等；②A 类化合物——风险相对较大，如乙醛、苯胺、氯化苄、四氯化碳、丙烯酸乙酯、哈龙、顺丁烯二酸酐、三氯乙烷、三氯乙烯、三氯甲苯等；③B 类化合物——危害程度较低的挥发性有机物，如丁烷和乙酸乙酯等。

英国常用的挥发性有机物监测方法为 TOC 监测技术，其根据不同的监测对象可选取火焰电离探测器（FID）、催化氧化探测仪、光离子检测（PID）；同时针对个别挥发性有机物，还有非色散红外检测技术（NDIR）、吸附剂管气相色谱分离技术（GC）、傅立叶变换红外光谱技术（FTIR）、差分光学吸收光谱技术（DOAS）和质谱分析技术等。

TGN M16 指南对英国大气固定源中 VOCs 的监管具有指导作用，同时它还规定了涉及 VOCs 排放的企业在申请许可证时需提供 TOC 连续测量，并通过监测认证计划认证，在日常生产过程中需遵循《环境允许条例》（EPR）管理，采取最佳可行技术进行生产。

（三）固定源排放中使用替代方法测量二氧化硫排放的技术指南（TGN M21）

固定源排放中使用替代方法测量二氧化硫排放的技术指南描述了使用替代方法来监测工业点源或烟道的 SO_2 排放的程序[36]。TGN M21 指南在范围内容中，提供了替代方法中使用的仪器技术，确定了仪器系统的性能标准，但没有指定技术的确切类型。当前，此种仪器方法可以基于诸如非色散红外检测技术（NDIR）、电化学电池、紫外吸收光谱（UV）分析和傅立叶变换红外光谱技术（FTIR）分析等。此类方法可用于定期监控，以及用于校准和验证永久安装在固定源上的连续排放监测系统（CEMs），在大气固定源现场执法时可以起到监管监察作用。

（四）使用傅立叶变换红外仪器监测烟气排放（TGN M22）

使用傅立叶变换红外仪器监测烟气排放详细介绍了大气固定源现场执法时采用的一种重要监测方法，此方法为使用手动提取傅立叶变换红外光谱仪测量工业固定污染物排放量，它适用于固定源排放成分复杂的现场执法，且不需要对烟气进行连续排放监测[37]。

傅立叶变换红外仪器具有波长范围宽的记录光谱能力，它能分析识别大气固定污染源中的多种不同污染物，其被广泛用于固定点源排放监测，并成为一种有用的技术。

TGN M22 指南提供了一个程序和框架，确保了使用傅立叶变换红外仪器成为欧洲标准内的一种替代方法，其能保证监测的质量。指南中对固定源气体排放监测的形态和定量都有具体要求，并包括了采样配置、年度分析仪检查、持续的质量控制与保证等。同时，指南也对仪器的操作方式、仪器的特性分析、不确定性的测定、检查气体的选取以及测试分析报告的输出有详细的阐述，为环境执法人员进行现场执法操作提供较大的帮助；该指南也适用于其他类型的采样或测量的傅立叶变换红外仪器，能确保有效的监测结果。

三、处罚方式

英国环境执法部门对环境违法企业主要实施了行政执法和刑事执法两种处罚方式。

行政执法权力主要包括执法通知、工作/改进通知（用于违法可以预防或需要补救的情况）、禁止通知（用于有严重环境危害紧急风险的情况）、许可证终止或吊销、许可证条件变更等。其中，对于危害较大的环境违法行为，环境执法部门可以及时命令违法者采取补救措施，如执法部门已经开展了补救工作，其可以从违法者责任方获得所花全部费用补偿。

刑事执法主要是针对更严重的环境违法行为，通过环境执法部门与警务机构、税务机构等部门合作开展，对违法企业或其他对象进行调查处理。在英格兰和威尔士，环境署或地方部门可以直接进行起诉；在苏格兰，苏格兰环境保护署不能提起诉讼，而只能向公诉人（检察官）提起起诉建议，然后由检察官决定并启动起诉程序；在北爱尔兰，起诉可以由北爱尔兰环境局向公诉机构提起诉讼，也可以由公民个人提起诉讼，同时北爱尔兰环境局有单独特别的环境犯罪小组，其专门关注非法的环境违法犯罪活动。

企业或被检查对象如果违反执法人员履行审查进入权，执法部门可以申请行政诉讼。通过诉讼可以将违法企业负责人进行定罪处罚，一般处罚方式包括逮捕监禁、罚款或两者都有，逮捕监禁时间一般不超过 3 个月，如果情节较严重者时间可以延至两年。

如果执法人员在现场执法时，发现企业或被检查对象在生产过程中有违法情况，一般按照以下执法处罚流程进行管理惩罚，如图 2-2 所示。

处罚结果参照《英国环境执法与处罚罪行响应选项》[38]，例如妨碍环境机构执法人员、拒绝提供设施或环境机构人员所需的合理援助、生产记录中故意弄虚作假、未能遵守或违反许可证的条件、非法排放特殊废气等各种不同罪行处罚方式。表 2-1 为企业不能提供相关证书的处罚方式。

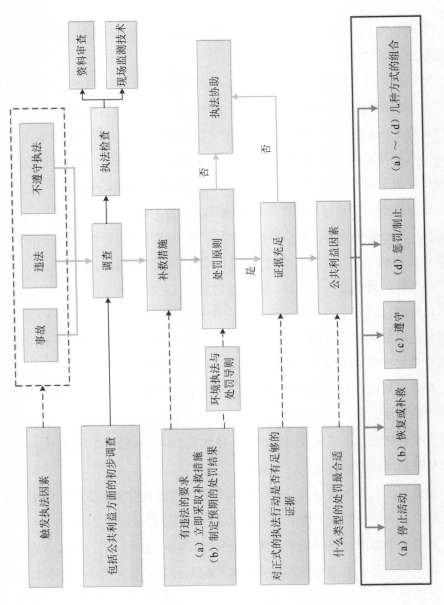

图 2-2　执法处罚决策

表 2-1　英国环境执法处罚方式

规例生产者不能提供证书。凡生产者未能提供 40（1）（c）遵守适当的证书日期			
标准刑事和犯罪的具体反应			
警告	正式警诫	起诉	定额罚款通知
V	V	V	X

可以施加民事制裁					提供
法规遵从性通知	恢复通知	固定货币罚则	变量货币罚则	停止通知书	执法承诺
X	X	X	V	X	V

四、案例分析

（一）泰恩河耐磨废金属公司因空气污染事件被罚款 3 000 英镑

泰恩河一家耐磨废金属回收公司因空气污染事件被罚款 3 000 英镑，其造成了斯瓦尔维尔的居民利益受损。

2012 年 4 月 26 日晚，警方和消防队收到了关于 Swalwell Longrigg 路地区强烈化学气味的投诉。警方将附近的道路进行封闭检查，泰恩河消防与救援服务中心派出专业人员和设备，当地环境执法部门现场检查到一种 10 t 的铝废物，并发现其他一系列散发异味的化学物质。在应急处理后环境署将企业人起诉至法庭，并在 2014 年 4 月 29 日法院判其违反环境法律非法排放化学烟雾而进行处罚罚款。另要求强生史坦利（J&J Stanley）有限公司支付 3 015.10 英镑的费用和 120 英镑的受害人附加费。

（二）爱莎（ESSAR）石油公司因大气污染物排放违反环境许可条件被罚款 497 284 英镑

2012 年 7 月 31 日，在英格兰柴郡地区爱莎石油公司因斯坦洛（Stanlow）炼油厂石油储罐的压力措施不当，导致一系列的蒸气和油被排放到空气中。

由于接到当地居民大量投诉，环境执法机构现场检测到有一个长约 5.3 km、宽 0.8 km 的区域被炼油厂污染，区域内有大量的油滴污染混合物，周边的生态环境以及企业、居民和运输车辆等受到污染，需要大量的资金来修复处理。在事件发生后，环境执法机构对斯坦洛炼油厂因生产工艺违反环境许可条件发出正式警诫，并要求其按许可证条件再次评估整改，同时因其造成周边的环境损害对爱莎石油公司进行了起诉。最终，切斯特皇家法院于 2015 年 10 月 27 日对该公司正式判决，判处其罚款 497 284 英镑，并命令其支付 4 万英镑的环境事件相关附加费。

第三章 中国台湾大气固定源执法监管体系

中国台湾在相关的法律法规中规定了空气污染源的概念，是指会排放空气污染物之物理或化学操作单元。空气污染源又分为固定污染源和移动污染源。固定污染源为非因本身动力而改变位置的污染源，包括工厂烟囱排放、厂内逸散、营建施工产生的粉尘逸散、露天燃烧等。大至发电厂，小至个人使用喷雾剂，只要是会排放空气污染物之个体，不论大小均视为固定污染源。

第一节 法律法规体系

一、监管思想基础

中国台湾地区"空气污染防治规定"是大气污染防治的纲领性文件，台湾地区大气排放标准、实施办法、管理措施等都是在"空气污染防治规定"的基础上制定的。1975 年第一次公布 21 条，截至 2012 年已经 8 次修订，修订后共分为五章 86 条。在历次修订工作中，分阶段引入了适宜的管控策略[39]。在经济诱因方面，开征空气污染防治费、实施奖励补助及推动总量控制。在稽查管制方面，推动对各行业污染源的稽查、清查列管及评鉴与辅导等专案计划，促使工厂逐渐重视污染防治，逐步完成各项污染防治工作[40]。

"空气污染防治规定"主要由五章组成：总则、空气质量维护、防治、罚则、附则。其主要内涵为空气品质维护、固定污染源管制、移动污染源管制，如图 3-1 所示[41]。

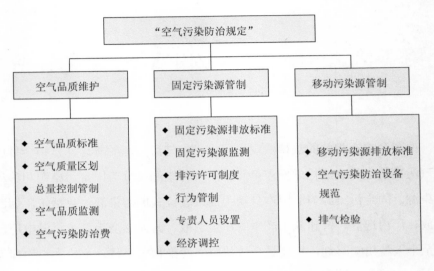

图 3-1　台湾地区"空气污染防治规定"基本架构

二、固定源管控策略

台湾地区对固定源的管制行为最早可追溯至 1951 年，早期的行为管制主要通过对异味的辨别、对烟气的目测等。从 20 世纪 70 年代开始，台湾地区引入大气浓度管理的概念，到 90 年代，管控策略才日趋完善。在固定污染源管制中行政管制和经济诱因并行，强化排污许可登记、总量控制与年排放量申报、检测与稽查制度，强调从源头管制，管制效果显著。在行政管制方面，主要包括排放标准管制、燃料管制和许可证制度，并配合一些行为管制措施。在经济诱因方面，主要包括污费征收制度、减排奖励与补助、污染防治设备购置减免等，如图 3-2 所示[42-45]。

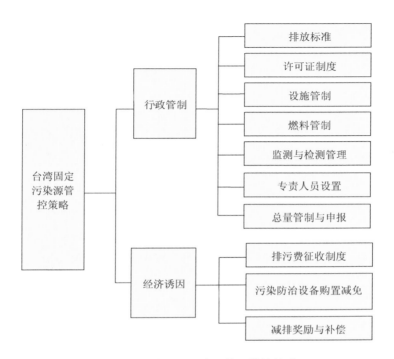

图 3-2　台湾地区固定污染源管控策略

三、固定源排放标准

台湾地区的固定源排放标准体系较为完善，标准限值较为严格，且与行业管制相结合，处于世界领先水平。按照管制对象划分，分为通用标准、污染物排放标准和行业排放标准，按照发布对象划分，分为台湾地区排放标准和地方排放标准。

台湾地区最早针对大气污染的标准是 1973 年公告的"台湾地区空气污染物排放标准"，后于 1992 年改为"固定污染源空气污染物排放标准"[46]，目的在于降低行为管制的主观判定争议，且同时考虑所在区域的空气质量需求，为大气污染管理提供一般行业的通用标准。在随后的几年中，"固定污染源空气污染物排放标准"进行过多次修订。

20 世纪 90 年代，台湾地区针对行业特点，先后制定了电力设施、汽车制造、PU 合成革制造业、半导体制造业、洗染业、石化、电子等一些主要行业的管制及排放标准，共计 28 项行业。各类排放标准的颁布配合其他相关的防治政策和措施，对台湾地区空气污染状况的改善起到了主要的推动作用。

20 世纪 90 年代至今，由于大部分行业涉及 VOCs 排放且 VOCs 具有气味性，是台湾地区民众反映案件的主要原因，因此控制 VOCs 排放成为空气污染控制的重点目标。1997 年首次颁布了"挥发性有机物空气污染管制及排放标准"[47]以及相关的监督检查、奖励处罚等配套管理制度。随后陆续颁布了"废弃物焚化炉二噁英管制及排放标准"等 5 项二噁英排放行业标准，2006 年颁布了"固定污染源二噁英排放标准"及其相关实施政策。

经过 40 多年的不断努力，台湾地区已经制定了完善和严格的大气污染控制体系。很多排放标准和控制措施都非常严格，见表 3-1。

表 3-1　台湾地区大气固定源污染物排放相关标准

基本标准	固定污染源空气污染物排放标准
针对行业的标准	炼钢及铸造电炉粒状污染物管制及排放标准
	钢铁业烧结工场空气污染物排放标准
	钢铁业烧结工场二噁英管制及排放标准
	钢铁业集尘灰高温冶炼设施二噁英管制及排放标准
	铅二次冶炼厂空气污染物排放标准
	电力设施空气污染物排放标准
	玻璃业氮氧化物空气污染物排放标准
	陶瓷业喷雾干燥机颗粒状污染物排放标准
	水泥业空气污染物排放标准
	沥青拌合业颗粒状污染物空气污染物排放标准
	热风干燥机颗粒物空气污染物排放标准
	废弃物焚化炉二噁英空气污染物排放标准
	干洗作业空气污染防制设施管制标准
	半导体制造业空气污染管制及排放标准
	汽车制造业表面涂装作业空气污染物排放标准
	光电材料及组件制造业空气污染管制及排放标准
	胶带制造业挥发性有机物空气污染管制及排放标准
	聚氨基甲酸酯合成皮业挥发性有机物空气污染管制及排放标准
	……

基本标准		固定污染源空气污染物排放标准
针对污染物的标准	VOCs	挥发性有机物空气污染管制及排放标准
		胶带制造业挥发性有机物空气污染管制及排放标准
		聚氨基甲酸脂合成皮业挥发性有机物空气污染管制及排放标准
	NO$_x$	玻璃业氮氧化物空气污染排放标准
	颗粒物	炼钢及铸造电炉粒状污染物管制及排放标准
		陶瓷业喷雾干燥机颗粒状污染物排放标准
		沥青拌合业颗粒状污染物空气污染物排放标准
		热风干燥机颗粒状污染物空气污染物排放标准
	二噁英	固定污染源二噁英排放标准
		炼钢业电弧炉二噁英管制及排放标准
		钢铁业烧结工场二噁英管制及排放标准
		钢铁业集尘灰高温冶炼设施二噁英管制及排放标准
		废弃物焚化炉二噁英管制及排放标准
		……

台湾地区各地"环境保护局"依所辖区空气质量情形，针对特定行业还制定了更加严格的排放标准。如高雄市制定了"高雄市钢铁业烧结工场二噁英管制及排放标准""高雄市电力设施空气污染物排放标准""高雄市设备组件挥发性有机物管制及排放标准"；台中市制定了"台中市电力设施空气污染物排放标准""台中市钢铁业空气污染物排放标准""台中市固定污染源六价铬排放标准"等。

四、固定源排污许可制度

为降低稽查负荷、掌握工厂设置与操作状况，台湾地区于 1992 年修正"空气污染防治规定"，正式纳入美国已执行多年且具良好成效的排污许可制度。1993 年制定了台湾地区"固定污染源设置变更及操作许可办法"，2007 年修正为"固定污染源设置与操作许可证管理办法"。台湾地区许可证制度与美国相似，除通过限制排放外，对污染治理设施的设置、操作、运行管理等行为的规定亦极其细致和严格，可操作性强[49,50]，如表 3-2 所示。

表 3-2　中国台湾地区、美国、日本、德国排污许可对比

项目	中国台湾地区	美国	日本	德国
许可种类	设置（变更）许可 操作许可	设置许可 操作许可	设置许可 变更许可 操作许可	设置许可 操作许可
管制重点	◆ 污染物排放浓度及行业管制标准 ◆ 设备的设置、操作规范 ◆ 物料及燃料规范 ◆ 检测及监测规定 ◆ 记录申报规定	◆ 各设备污染物排放量或排放浓度标准 ◆ 设备的设置、操作规范 ◆ 物料及燃料规范 ◆ 记录申报规定	◆ 烟道排气、粉尘生产设施、主管机关指定工厂的浓度及排放量规定	◆ 按照所属行业相关法规进行规定
许可对象	分行业分批公告需申请许可的企业	排放量小于规定限制的企业不需申请许可	排放量小于规定限制的企业不需申请许可	排放量小于规定限制的企业不需申请许可
有效期限	设置及操作许可有效期皆为 5 年	设置许可有效期 18 个月；操作许可有效期 3～5 年	—	有效期 3 年

台湾地区排污许可证的治污设施规范主要基于最佳可用控制技术（BACT），并结合容许增量限值（PSD）要求达到事先防范、避免空气质量恶化，减少空气污染等环境公害的效果。

台湾地区采取分行业逐批方式公告应申请许可证对象，凡具有公告条件中所描述的污染源、使用原（物）料或产品制造企业必须申请排污许可证方可运行，相对于其他国家而言，这种分批次纳管对象的方式较能把握好执行机关行政负荷与重点管制对象。台湾地区排污许可证覆盖企业的选取原则是：包含美国划分的 28 种（类）重大污染行业、台湾地区本土性特征污染行业、空气污染物排放量较大、民众陈情案例较多且处分较多的行业企业。台湾地区自 1993 年起开始逐批公告应申请企业，截至 2009 年已

完成的 8 次公告，掌握了全台湾地区固定污染源 95%以上的颗粒污染物、96%以上的硫氧化物及氮氧化物、80%以上的挥发性有机污染物排放量，共有 10 466 家公私场所取得共 16 353 张操作许可证及 4 084 张设置许可证[48]。

排污许可证经台湾地区环保主管部门委托政府其他机关依法办理许可证审查核发。最初，许可证由县市政府核发，环保主管部门负责考评与督导，2002 年起陆续公告委托管理机关办理许可证核发，如新竹科学工业园区管理局、台南科学工业园区管理局、中部科学工业园区开发筹备处、"经济部"加工出口区管理处、"经济部"工业局、屏东农业生物园区管理局等办理固定污染源设置与操作许可审查及核发业务[39]。

工厂在取得排污许可证后，依许可规定事项进行设置、操作、排放污染物。设置或变更许可的污染源，应先申请操作许可才能操作。公告前已建立的固定污染源，应于公告后两年内申请操作许可。

五、固定污染源核查与年排放量申报制度

环保主管部门每年对固定污染源进行核查，核查内容为污染源日常的操作与维护、记录是否属实，确保污染源不会违反许可核定内容。由于台湾地区石化行业非常发达，石化行业的污染对空气污染的贡献比例较高，自 1993 年起，用红外线侦测仪对石化业遥测，分析污染物成分及排放来源，要求工厂进行改善。对于未设置连续自动监测设施的工厂，环保主管部门规定工厂定期检测，并申报排气浓度及排放量。以 VOCs 为例，任一排污企业固定污染源操作许可证记载 VOCs 年排放量达 30 t 以上者，于每年 1 月底前申报前一年空气污染物年排放量，并进行污染源的清查，包括：①建立资料库与建档；②调查相关污染防治设备使用现状；③分析按行业污染物的排放特性。

六、无组织排放行为管制制度

对于未经排放管道排放空气污染物之空气污染行为（无组织排放），台湾环保主管部门制定了"空气污染行为管制制度"。行为管制包括禁止因燃

烧废弃物或稻草、营建工程施工、弃置废弃物、使用挥发性有机物等，致使造成明显的颗粒污染物、尘土飞扬、恶臭逸散或有毒气体产生的空气污染行为，此管制为最早使用的策略工具。检查人员利用官能检查方式（如目视及嗅觉），直接判定是否有该类空气污染行为，而无须予以量测定量。由于此类事件绝大部分为民众陈情案件，各级环保检查人员最常使用"行为管制"判定污染事件，且可要求污染者立即进行改善，相当具有时效性。为使主管部门执行空气污染行为检查工作有依据且一致的标准做法及程序，2002 年台湾环保主管部门制定了"空气污染行为管制执行准则"，作为主管部门执行未经排放管道排放空气污染物污染环境行为的判断标准、工作依据并辅导业者改善[51]。2003 年发布了"营建工程空气污染防治设施管理办法"（2013 年进行修订），针对可能引起扬尘之各项施工作业、过程及场所，规范营建业主应设置空气污染防治设施（包含施工机具使用的油品成分种类及浓度限值）；2009 年发布实施"固定污染源逸散性粒状污染物空气污染防治设施管理办法"，将所有粒状物逸散源全面纳管，也督导地方环保机关全面加强稽查处分工作，并推动道路洗扫作业及粒状物逸散污染防治问题。

专栏 3-1 台湾地区对工地扬尘监管案例

2011 年台湾地区共监管 75 186 处营建工地，除要求营建工地排放粒状污染物应符合固定污染源空气污染物排放标准（周界：500 g/m³）外，还禁止其有逸散粒状污染物污染空气的行为。

另要求各"环境保护局"积极落实执行"营建工程空气污染防治设施管理办法"，2011 年粒状物排放量（TSP）为 109 554 t，削减量为 49 371 t，削减率为 45.1%。

第二节 监管保障体系

一、"台湾环境保护署"

1979 年 4 月，台湾地区"行政院"通过台湾地区"环境保护方案"，旨在建立完整的环境保护行政组织体系，直至 1982 年 1 月，台湾地区"行政院"在原"行政院卫生署环境卫生处"的基础上成立了"行政院卫生署环境保护局"，在形式上结束了"多驾马车、多头管理"的环保工作局面。1987 年 8 月，台湾地区又将其升格为"行政院环保署"，下设综合计划、空气品质保护及噪声管制、水质保护、废弃物管理、环境卫生及毒物管理、管制考核及纠纷处理、环境监测及资讯七个业务处。

台湾地区下属的"台湾省政府"于 1988 年 1 月将原"台湾环境保护局"改制为"台湾环境保护处"。1999 年 7 月，配合精省作业，改制为"环保署中部办公室"，2002 年 3 月并入"行政院环保署"，改制为"环境督查总队"。

台湾地区各县市政府则于 1988—1991 年逐步设立"环境保护局"，强化环保工作基层执行能力。截至 2003 年连江县"环境保护局"成立，台湾地区地方政府均已成立"环境保护局"，共计 22 个市（县）级环保局，环境保护组织大抵完备。

二、环境督查队伍

台湾地区的环境污染督查队伍分为三个层次：

最高层次为"行政院环境保护署"管辖的"环境督查总队"，负责督导市（县）环境保护执行事项、跨县市环保事务的协调与执行、环境影响评估监督的执行、违反环保法规定的稽查督查。在对排污企业核查的环节中负责"抽查"业务。

中间层次为原台湾省政府环境保护处所辖的北环境保护中心、中环境保护中心、南环境保护中心，现名称为"北区环境督查大队""中区环境督查大队""南区环境督查大队"，由"环境督查总队"直管，在对排污企业核查的环节中负责"复查"业务。

基层层次为各市（县）政府"环境保护局"的督查人员，在对排污企业核查的环节中负责直接"督查"工作。

另外，依据"公私场所空气污染防治专责单位或人员设置办法"的规定，为确保污染防治设施的品质，厂商申请许可文件需经专业技师签证，厂内必须设置控制污染防治的专业技术管理专责单位或人员，以协助督查人员控制空气污染源。

三、"地方"环保主管机关

台湾地区所辖市、县环境保护主管机关需制订辖区内空气污染防治工作计划，分配总量减量责任；解决总量管制措施的推行与纠纷协调处理工作；完成固定污染源空气污染物排放资料的清查更新与建档；完成排污许可证许可内容查核及连续自动监测设施验收检查工作；完成空气污染防治费的查核及催缴工作；负责企业申报记录之审核及连线资料之统计分析工作；完成企业空气污染物排放之检查或鉴定工作等[52]。

专栏 3-2　台湾地区"地方"环保管理政策

台湾地区"地方"环保机关根据区域环境特点编制区域稽查计划，例如新竹县"环境保护局"编制 2014 年度的"挥发性有机物稽查管制计划书"，除加强管制法规规定的重点 VOCs 排污企业，还计划全面掌握县内各重点行业的污染现状。通过对各工厂污染源查核及辅导工作，加强管制各项排放源以符合 VOCs 相关排放标准，并持续进行各类污染源改善之辅导与追踪工作，以确实达成 VOCs 减量效果。此外，执行征收"挥发性有机物空气污染防治费"及年度新增的 13 种有害空气污染物种空污费，针对各公私场所 VOCs 排放量进行核查、确认与更新。

第三节 技术方法体系

一、现场检查的仪器设备

3D 激光雷达监测技术：镭射测距，精确定位污染源，可掌握即时污染状况，了解污染物的空间流布；图像显示，污染情形一目了然；24 小时监测，不受下雨及水汽影响，稽查管制无空挡。

FLIR 红外线热成像仪：携带方便、远端监控、快速筛选、锁定目标，侦测具热源、温度差的制程及管线操作泄漏、逸散所造成的空气污染。

PID：运用于工厂制程、排放管道、收集管线及场区逸散 VOCs 的侦测。

FID：利用火焰燃烧的方式以游离有机物质，用于侦测具 CH-基的有机物。用于进行初步的 VOCs 泄漏与浓度判读。

气味计：以空气泵自动吸引，通过高灵敏度薄膜半导体感应器，感知异味强度。

Canister TO-14（采样罐）：利用抽真空负压方式采样，并以气相层析质谱仪分析样品中的有机物。

携带式 FTIR（傅氏转换红外线光谱分析仪）：可定性含共价键的化合物 5 200 种气体图谱，运用于空气位置气体对比。

GC/MS（气相色谱质谱联用仪）采样监测车：主要针对 VOCs，可于执法现场及时分析。通常依据 FID 的初测结果，针对作业环境中监测出较高浓度区域进行细部设备原件的监测，包括难以监测原件，并对高浓度泄漏原件进行 GC/MS 定性定量。

二、违法依据

根据台湾地区现行环保规定，环保机关人员尚无法行使司法警察官或司法警察之权限（例如搜索）。在实际操作上，环保人员预先推断搜证是否可能遭受到干扰，并根据具体情况，联合警察及检查机关人员合作搜证。

台湾地区"检察机关查缉环保犯罪案件执行方案"主要针对违反废弃物清理法弃置、倾倒案件，为广泛加强检查机关的支持，"台湾环保署"已建议扩大环保犯罪案件立案范围，强化检、警、环铁三角，遇有涉重大环保案件情形时，由检调第一时间介入侦查，提供司法建议及协助，成为第一线稽查同仁的司法后盾，共同打击不法犯罪。

对于环保案件的行政调查，环保人员除必须花费许多时间先收集分析业者历年的污染防治相关资料，查出疑点后，再到现场督查，由于厂区范围大，业者发现环保人员到场稽查搜证，常因环保人员有限，而当场销毁违规证据。面对有增无减的环保稽查案件量，稽查人力恐无法周全顾及并避免执法过程遭受恐吓或暴力威胁，宜适时扩充环保稽查员额，配合警方提供安全维护的协助，以完整行使行政调查权限，并确保稽查人员的安全。

增加整体执行环境保护警察侦办人力，除增加"内政部警政署"保安警察第七总队第三大队员额编制及足够经费外，并鼓励地方警力主动、深入及协助长期侦办环境犯罪，提高警察侦办环境犯罪案件的积分，以增进各级警力共同投入查缉环保犯罪的意愿。

第四节　处罚手段体系

对于环境违法行为，台湾地区根据违法情况可分别对企业及个人进行行政、民事及刑事处罚。

一、行政处罚/诉讼

空气污染的法规以刑罚来严惩污染行为，在"空气污染防治规定"第四章"罚则"的相关规定中，对未立即采取紧急应变措施或不遵守主管机关依第 32 条第 2 项所为的命令而致人死亡作了"处无期徒刑或七年以上有期徒刑，得并科新台币三百万元以下罚金；致危害人体健康导致疾病者，处五年以下有期徒刑，得并科新台币二百万元以下罚金"较重的刑罚规定[39]。

二、民事责任

台湾地区直接规范环境问题的有关环境"民法",除"民法——物权编相邻关系"的规定外,大多为较新的"立法",台湾地区"民法"仅增订第191条之三,其他分布在所属于的公法中的损害赔偿规定中。更广义的适用环境问题之其他民事规范等,台湾地区已逐步发展到环境特别之"民事法"原则[45]。

(一)台湾地区"民法"

"民法"第184条规定:企业设施污染的侵权行为法上环境损害赔偿责任之构成要件为:污染排放与第三人之人身或财务之损害有因果关系、该与环境有关设施运作有瑕疵及又有故意或过失。企业组织的领导基层,就企业之所有事项负有无法转移给他人之组织责任(组织过失),当然亦包括就与环境相关设施符合规定之运转。

"民法"第191条规定:对于环境损害之侵权行为,根据该条规定,亦采用举证责任转换之规定,以保障经济上之弱者为社会任务[42]。

(二)"环境单行法"

"环境单行法"如"空气污染防治规定"第80条规定:"空气污染受害人,得向'台湾地区政府'或地方主管机关申请鉴定其受害原因;'台湾地区政府'或地方主管机关会同有关机关查明原因后,命排放空气污染者立即改善,受害人亦得请求适当赔偿。前项赔偿经协议成立者,如拒履行时,受害人得进行申请法院强制执行。"[42]

三、刑事责任

台湾地区将污染和破坏环境的行为视为环境犯罪,系指凡与环境有关的不当或不法行为,而得由现行"法律"规范,或为补(赔)偿、惩处或判定科刑者之谓。台湾地区对惩治环境犯罪极为重视,针对此类犯罪造成后果的广泛性、严重性和难以修复性，突破了以往对其他犯罪构成要件的必然要求，明确表明对易引起某种危险犯罪的行为严以惩处。关于环境犯罪的具体规定，不独采用"刑法典"的条款，而主要以"附属刑法"的方式加以制裁，这是其特色之处。台湾地区"环境刑法"除对自然人的生命、健康和财产保护外，还突出强调了对人的精神利益的保护。台湾地区现行"环境刑法"的"立法"模式主要将污染和破坏环境行为构成犯罪的主要通过"附属刑法"加以制裁，将惩治环境犯罪的罚则定位于行政管制"法"之内的"附属刑法"中[42]。

台湾地区有关环境犯罪的规定大都规定在"附属刑法"中，涉及的主要法规有："水污染防治法""空气污染防治法""土壤及地下水污染整治法""海洋污染防治法""废弃物清理法"等。在这些"附属刑法"中，规定刑罚的内容大都包含：违反行政管制而致人身受有损害、登载不实信息、排放有害健康之物质者、不遵行主管机关所作的停工或停业命令者以及对于法人处罚的部分。可见，台湾地区"附属刑法"关于环境犯罪的规定相较普通刑法之规定来看，领域更为广泛，规范更为细化，这被认为有助于司法部门对具体法条的理解和运用[44]。

台湾地区"空气污染防治规定"规定的刑事责任包括：

第 47 条　依规定有申报义务，明知为不实之事项而申报不实或于业务上作成之文书为虚伪记载者，处三年以下有期徒刑、拘役或科或并科新台币二十万元以上一百万元以下罚金。

第 48 条　无空气污染防治设备而燃烧易生特殊有害健康之物质者，处三年以下有期徒刑、拘役或科或并科新台币二十万元以上一百万元以下罚金。

第 49 条　公私场所不遵行主管机关依本法所为停工或停业之命令者，处负责人一年以下有期徒刑、拘役或科或并科新台币二十万元以上一百万元以下罚金。

不遵行主管机关依第三十二条第二项、第六十条第二项所为停止操作、或依第六十条第二项所为停止作为之命令者，处一年以下有期徒刑、拘役或科或并科新台币二十万元以上一百万元以下罚金。

第 50 条　法人之代表人、法人或自然人之代理人、受雇人或其他从业人员，因执行业务犯第四十六条、第四十七条、第四十八条第一项或第四十九条第二项之罪者，除依各该条规定处罚其行为人外，对该法人或自然人亦科以各该条之罚金。

由于传统公共危险罪对法律的单纯量化思考模式应对防治环境犯罪面临着诸多问题，台湾地区"环境刑法"学者正在呼吁专章规定危害环境罪，以突出和加强"刑法"对环境的保护力度。

针对环境犯罪认定的特殊性，为有效防治此类犯罪，台湾地区还正在建立处理环境犯罪的特别机制，加快起诉此类案件的速度，有效吓阻环境犯罪行为，同时加重刑罚的力度，包括加重刑期与增加罚金额度，以充分发挥"环境刑法"保护环境的功能。当然，保护环境的管制与执法只是治标，真正的治本工作在于民众的环境教育，让民众了解保护环境关系着人类的生活和未来的生存。台湾地区政府部门积极引导民众建立新的环境思维，强化对地球生态环境的了解以及对物种生命的关爱与尊敬，这是预防环境犯罪的重要保障，也是保护环境最有效的方式。这些相应的制度理念和具体措施对于我国大陆地区目前的环境刑法研究和环境保护法制具有启发和借鉴意义[42]。

第五节　监管执法体系

一、违法发现机制

（一）陈情举报

台湾地区对空气污染陈情举报的渠道多样，有环保报案服务专线、"环保署"陈情报案系统网站、书信、当面检举等。各市（县）"环境保护局"网站也都开辟了"陈情专栏"。空气污染举报的受理制度，对有效防治空气污染发挥了重要作用。据统计，2003 年，"环保署"报案中心陈情案件 4 815 件，其中，空气污染 1 552 件（含恶臭），占 32.2%。

（二）CEMS 连续自动监测设施异常

台湾地区从 1993 年起公布必须安装自动监测系统的企业名单，及固定源自动监测系统，环保主管部门实时监控污染源排放状况，并建立完整污染物排放资料库，作为环境纠纷事件鉴定的参考资料。截至 2004 年，已完成三批次安装对象公告，共覆盖 100 家工厂约 300 根烟囱，掌握排放量的 90%，涉及锅炉发电（80 t 以上）、水泥制造业、电弧炉炼钢、废弃物焚化炉、石油炼制业（加热炉、裂解炉）、钢铁冶炼业（炼焦炉、烧结炉）。

二、固定源核查机制

（一）固定源排污许可一致性核查

环保主管部门每年定期至地方对固定污染源进行抽查核查，核查内容通常包括污染源日常的操作与维护、记录是否属实，确保污染源不会违反许可核定内容，确保排污许可制度一致性、落实性及其有效性。

（二）无 CEMS 中小规模企业定期检测

对于中小规模排放源，从 2002 年起公告应进行定期检测的企业，截至 2004 年，已完成定期检测对象公告，约纳管 2 500 家次、5 000 根以上的排放管道应进行定期检测。

（三）总量管制核查

台湾地区针对总量管制相关规定，建立了污染源排放量查核体系，由地方建立污染源排放量查核系统及排放交易制度后，由"中央主管机关"会同"经济部"分期分区公告实施。

（四）专项检查计划

台湾地区依据环保主管部门的相关规定，制订区域空气污染防治计划，设定空气品质目标，并进行作业设施专项检查。例如新竹县"环境保护局"制订年度"挥发性有机物稽查管制计划"，掌握县内各重点行业的污染现状，以有效彰显污染管制；及各工厂的污染源查核及辅导工作，加强管制各项排放源以符合 VOCs 相关排放标准，并持续进行各类污染源改善的辅导与追踪工作，以确实达成 VOCs 的减量效果。

专栏 3-3　台湾地区空气质量的分级管理

台湾地区在 1997 年将辖区各县依区域特性划分成 7 个空气品质区，2002年起实施防治区分级管理制度，按照质量划分为一至三级防治区，各区固定源遵守相关规范要求，重要区域必须采取最佳可用技术（BACT），并符合容许增量限值（PSD），对排污许可的核查要求也因防治区等级的不同而有所区别。

三、环境现场执法人员要求

台湾地区环境现场执法人员构成根据核查行动类型及核查对象特点而不尽相同。对于台湾环保主管部门组织的专项核查或民众陈情的严重环境公害事件，由"环保主管部门环境督查总队"或大队协同地方环保机关人员联合督查，在必要的时候还需要地方政府相关人员同行。对于地区环保规划的专项督查行动或地方生态环境部门接收到民众陈情由地方生态环境部门组织协调督查人员进行督查。

我国台湾地区级环保主管机关可根据空气污染物管制工作的实际需要，联合相关管理机关组成联合稽查小组，施行检查及举发，必要时，可会同警察机关、监察机关办理相关事宜。近年来由于台湾地区环保抗法事件频发，台湾"内政部"警政署专门设置保安警察第七总队第三大队用于执行环境保护联合稽查督查工作，与此同时，检查机关也配合参与，形成了环保重案大案的"检、警、环"结盟机制。

台湾地区对环境现场执法人员的资质要求主要体现在两个方面：一是使用现场检查仪器人员的资质要求；二是对环境稽查采样人员的资质要求。对于使用仪器检查或目测企业污染物排放的核查人员，必须经过训练合格并领有专门证书。对于环境稽查样品采集、保存、运送、接收、检测、保留及废弃等过程，须由专门人员进行，以保证样品的真实合法。采集样品时，指定采样人员之一为样品监管人，负责现场样品送样前的管理与保全维护工作[53]。

四、现场执法流程与核查清单

台湾地区现场核查执法的流程包括：

（1）环境执法人员进行检查时，应出示证件，向被检查单位表明身份，并出示主管机关的核查证明文件，如被核查企业规避、妨碍或拒绝时，则处以罚金。

（2）对企业进行现场检查，结合排污许可清查燃烧污染源相关资料，污染物正确性检核，生产设备、治污设备及管道完整性，申请及核准资料完整性，生产过程、污染源、物料对应合理性，与许可申请物料资料一致性。

专栏 3-4　台湾地区固定源达标排放证明文件

企业需提供固定污染源符合排放标准的证明文件，其内容应包括下列文件：

- 污染源之设备、构造及其规模之说明。
- 生产制造流程图说明及产制期程。

- 污染源使用原（物）料、燃料的种类、成分、数量、产品种类及产量。
- 排放空气污染物的种类、成分、浓度及其排放量。
- 空气污染防治设施及其操作条件的说明。
- 经中央主管机关许可的环境检验测定机构所为的合格检测报告，或其他足以适当说明采取改善措施的相关文件。

（3）治污设施及排口采样，可采用便携式检测设备或专业人员采样。专业人员采样需编制样品采样记录文件，必要时需将样品采集情形与采样地点摄影、拍照或画图，对样品进行封条等。

专栏 3-5　台湾地区固定源现场采样记录内容

采样记录文件其内容至少应包括：计划或专案名称（编号）、采样场址、采样点位置、采样日期时间（段）、样品种类特性（样品来源之行业类别、基质、外观、颜色或危害性等）、样品采集方式（如混样或抓样）、样品编号、样品数量、盛装容器、保存方式、检测项目、现场已执行检测项目与检测结果、采样人员、其他相关特殊环境状况等。

（4）现场拍照、录像及调取监控录像或数据。

（5）详细询问当事人、主管人员和证人，制作的询问笔录。

（6）必要时可扣押、查封相关设备等。

近年来针对涉案情节重大或涉刑罚之环保犯罪案件，经由"警、检、环"三方事前搜证、计划及研商作业后，伺机共同发动查缉行动（包含查察、搜证及移送作业），预先防止违规作业者以"言语暴力"及"肢体暴力"行为阻挠稽查人员执行查察作业。

专栏 3-6　台湾地区涉 VOCs 排放企业现场检查对象清单

①原料与产品调查

原料施用量：调查生产状况、原物料年用量、原物料含 VOCs 成分、操作量等。

产品产量：产品特性、年产量、计算单位与合理性、产品含 VOCs 成分与比例、产品与原料比例等。

②设备原件、生产区调查

生产区作业环境、设备原件检查、围封检测、现场难以检测原件采样、储槽调查、烟道排气调查、废水、废弃物调查、燃烧塔调查……

第二篇

我国（大陆地区）大气固定源
执法监管体系

　　近年来，随着《中华人民共和国环境保护法》《中华人民共和国大气污染防治法》的修订，《关于省以下环保机构监测监察执法垂直管理制度改革试点工作的指导意见》《关于深化生态环境保护综合行政执法改革的指导意见》等机构改革措施的推出，我国大气污染执法的法律法规、执法机构、执法方式、违法处罚都发生了改变。

　　为明确和细化大气污染源现场执法现状、问题与需求，针对现场执法的组织实施、法律法规、技术装备、监管源类等主题，开展了文献调研、实地考察和行业研讨会等调研活动，为需求分析奠定了基础。调研对象主要是环境监察执法机构，包括北京市、天津市、上海市、安徽省、广西南宁市、山西太原市、山西晋城市、河北石家庄市监察机构（包括市执法总队、区县执法支队），以及上海市、天津市监测站。分别与执法人员、监测人员举办了多场座谈会，重点了解目前工业固定源大气污染现场执法所依据的法律法规、遵循的技术流程、使用的仪器设备，现场执法监管过程中遇到的主要障碍和迫切需要解决的问题，现场执法取证的方法、手段和技术需求，监管分级管理现状、分工、责任及改革方向。同时设计了《固定源大气污染物现场环境监察执法技术需求调查问卷》，调查内容包括执法机构的人员、任务、培训情况；现场执法取证流程、主要违法行为；现场执法技术装备配置、使用现状；重点行业大气污染物排放执法监管的要点以及目前现场执法中亟须解决的问题与建议等方面，在形式上以结构问题为主。调查问卷在北京、上海、天津、山西、山东、安徽、河南等地区进行了发放，共收集到有效问卷 69 份。在此基础上对我国固定源大气染物排放现场执法分级监管面临的形势与需求进行了分析。

第四章 我国（大陆地区）大气固定源 执法监管法律法规体系

大气固定源执法监管法律法规体系是大气固定源执法的基础和依据。我国通过不断加强和完善法治建设，形成了由环境法律、行政法规、政府、部门规章、地方性法规和环境标准组成的较为完善的环境法律体系。据统计，截至 2008 年，我国环境相关法律有 26 部，行政法规有 50 余部，地方性法规、部门规章和政府规章有 660 余项，国家标准有 800 多项。

第一节 大气固定源执法监管相关法律

《中华人民共和国大气污染防治法》（以下简称《大气污染防治法》）是对固定源大气污染物排放实施监管的具体法律依据。我国最早的《大气污染防治法》制定于 1987 年，1995 年、2000 年、2015 年和 2018 年分别对其进行了修订和修正。经过历次修订，《大气污染防治法》不断明确大气污染防治的目标、责任并强化对大气污染的监管力度，具体表现在以下几个方面。

从浓度达标控制向总量与浓度双达标控制方向转变。1987 年和 1995 年的《大气污染防治法》中规定的对固定源大气污染物的控制方式是以浓度控制为基础，但单以排放浓度作为大气污染管理手段，尽管大多数固定源已经达标排放但总体的大气环境质量仍然得不到改善。从 2000 年修订的《大气污染防治法》开始，对大气固定源污染物排放的监管从以浓度控制为主转变为以浓度和总量的双重控制。2000 年修订的《大气污染防治法》中的总量控制制度是针对划定酸雨控制区和二氧化硫污染控制区的"两控区"

内的企业事业单位核定主要大气污染物排放总量。2015 年修订的《大气污染防治法》规定，国家对重点大气污染物排放实行总量控制，对向大气排放污染物的固定源应当符合大气污染物排放标准并遵守重点大气污染物排放总量控制要求。2018 年修订的《大气污染防治法》将总量控制制度的实施范围由"两控区"扩大到了所有排放重点大气污染物的固定源企业，实行总量控制的污染物也由二氧化硫扩大为重点大气污染物。

排污许可制度全面展开。排污许可制度自 1987 年推行以来已有 30 多年，但该制度一直作为一项试行政策在执行，没有明确排污许可制的定位。2000 年修订的《大气污染防治法》规定了污染物的排污许可制度，规定针对酸雨控制区、二氧化硫污染控制区的主要大气污染物核发排放许可证，排污企业必须按照许可证规定的排放条件排放污染物。2015 年修订的《大气污染防治法》中将排污许可制全面落地，规定排放工业废气或者第 78 条名录中所列有毒有害大气污染物的企业事业单位、集中供热设施的燃煤热源生产运营单位以及其他依法实施排污许可管理的单位，应当取得排污许可证。排污许可的具体办法和实施步骤由国务院规定。2016 年国务院办公厅发布了《控制污染源排放许可制实施方案》（国办发〔2016〕81 号），对完善排污许可制度、排污许可制度的具体部署和实施做出了系统的规定，并在此基础上发布了《排污许可证管理暂行规定》（2016 年）。新排污许可证制对污染源企业大气和水污染物（固体废物和噪声等污染物暂未纳入）排放实行综合许可管理，一企一证。排污许可制体系化的建立，将促进环境监管的转型，成为污染源企业守法，环境执法部门执法的一项基本制度[54]。

细化先进技术的环境监管手段。2015 年修订的《大气污染防治法》第 29 条规定环境保护主管部门及其委托的环境监察机构和其他负有大气环境保护监督管理职责的部门，有权通过现场检查监测、自动监测、遥感监测、远红外摄像等方式，对排放大气污染物的固定源等企业进行监督检查。被检查者应当如实反映情况，提供必要的检查资料。这一规定明确了环境监察机构进入排放大气污染物的固定源进行现场检查并对排放的污染物进行监测以及查看相关资料的权力，并增加了自动监测、遥感监测和远红外摄像等先进技术监督检查的手段。

提高环境违法成本。违法成本低一直是我国环境违法行为屡禁不止的原因之一。企业违法排放污染的处罚标准与治污成本相比相差甚远，从而造成了企业宁愿积极缴费也不愿意投入治理成本，环境污染状况也无法得到改善。2015 年修订的《大气污染防治法》明显加大了对大气固定源违法追责的力度，在解决企业违法成本低的问题上有了很大的突破。2015 年修订的《大气污染防治法》取消了 2000 年修订版中对造成大气污染事故企业事业单位罚款"最高不超过 50 万元"的封顶限额，变为对造成一般或者较大大气污染事故的，按照造成直接损失的 1 倍以上 3 倍以下计算罚款；对造成重大或者特大大气污染事故的，按照直接损失的 3 倍以上 5 倍以下计算罚款。新增了"按日计罚"的规定，对未取得排污许可证排放污染物、超标或超总量排放、逃避监管排放、易产生扬尘的物料未采取有效防治措施等情况受到罚款处罚，责令整改拒不改正的行为按照原处罚额度按日连续处罚。

强化地方政府的责任。2015 年修订的《大气污染防治法》明确规定了地方政府对区域内大气环境质量负责，通过制定规划、采取措施、控制或逐步削减大气污染物的排放量，使空气质量达标并逐步改善。对超过重点大气污染物排放总量控制指标或未完成国家下达的大气环境质量改善目标的地区，省级以上人民政府环境保护主管部门应当会同环保等部门约谈市、县人民政府的主要负责人，并暂停审批该地区新增重点大气污染物排放总量的建设项目环境影响评价文件并将约谈情况向社会公开。

第二节 大气固定源执法监管技术标准

最高允许排放浓度和最高允许排放速率是我国固定源大气污染物排放的两个控制指标。其中，《大气污染物综合排放标准》（GB 16297—1996）中规定了大部分大气污染物的最高允许排放速率，控制排放速率是为了使排到空气中的污染物经一定的稀释扩散后，可保证其地面浓度达到标准，不同排气筒高度排放的污染物其排放速率的控制限制也不同，各行业排放标准中只规定了最高允许排放浓度。我国的固定源大气排放标准中规定的最高允许排放浓度为排放污染物的瞬时浓度限制，对中期（24 h）和长期（30 d 或 1 年）的浓度限值未做出规定。我国大气固定源典型行业污染物排放标准如表 4-1 所示。

表 4-1　我国大气固定源典型行业污染物排放标准

标准类型	固定源大气污染物排放标准
综合	大气污染物综合排放标准（GB 16297—1996）
特定设施	锅炉大气污染物排放标准（GB 13271—2014）
	工业炉窑大气污染物排放标准（GB 9078—1996）
特殊污染物	恶臭污染物排放标准（GB 14554—93）
石化行业	石油化学工业污染物排放标准（GB 31571—2015）
	石油炼制工业污染物排放标准（GB 31570—2015）
	挥发性有机物无组织排放控制标准（GB 37822—2019）
钢铁行业	铁合金工业污染物排放标准（GB 28666—2012）
	铁矿采选工业污染物排放标准（GB 28661—2012）
	轧钢工业大气污染物排放标准（GB 28665—2012）
	炼钢工业大气污染物排放标准（GB 28664—2012）
	炼铁工业大气污染物排放标准（GB 28663—2012）
	钢铁烧结、球团工业大气污染物排放标准（GB 28662—2012）
	炼焦化学工业污染物排放标准（GB 16171—2012）
涉重行业	铜、镍、钴工业污染物排放标准（GB 25467—2010）
	铅、锌工业污染物排放标准（GB 25466—2010）
	电镀污染物排放标准（GB 21900—2008）
	再生铜、铝、铅、锌工业污染物排放标准（GB 31574—2015）
	锡、锑、汞工业污染物排放标准（GB 30770—2014）
	电池工业污染物排放标准（GB 30484—2013）
	电子玻璃工业大气污染物排放标准（GB 29495—2013）

大气固定源生产车间及生产设施排气筒排放的大气污染物执行表 4-2 中的排放限值。大部分的行业排放标准都设置了特别排放限值。特别排放限值适用于在国土开发密度已经较高、环境承载能力开始减弱，或环境容

量较小、生态环境脆弱，容易发生严重环境污染问题而需要采取特别保护措施的地区。执行大气污染物特别排放限值的地域范围和时间，由国务院环境保护行政主管部门或省级人民政府规定。2019年4月发布的《关于推进实施钢铁行业超低排放的意见》要求全国新建（含搬迁）钢铁项目原则上要达到超低排放水平，并推动现有的钢铁企业开展超低排放改造，到2025年年底前，京津冀及周边地区、长三角地区、汾渭平原等重点区域钢铁企业超低排放改造基本完成，全国80%以上产能完成改造。

表4-2　我国主要固定源主要大气污染物排放限值

污染物	一般排放限值/（mg/m³）	特别排放值/（mg/m³）	超低排放指标限值/（mg/m³）	生产工序或设施	标准名称
颗粒物	50	40	10	烧结机球团焙烧设备	钢铁烧结、球团工业大气污染物排放标准（GB 28662—2012）
	30	20	10	烧结机机尾带式焙烧机机尾其他生产设备	
	20	15	10	热风炉	炼铁工业大气污染物排放标准（GB 28663—2012）
	25	高炉出铁场15　原料系统、煤粉系统、其他生产设施10	10	原料系统、煤粉系统、高炉出铁场、其他生产设施	
	50	50	10	转炉（一次烟气）	炼钢工业大气污染物排放标准（GB 28664—2012）
	20	15	10	铁水预处理（包括倒罐、扒渣等）、转炉（二次烟气）、电炉、精炼炉	
	20	30	10	连铸切割及火焰清理、石灰窑、白云石窑焙烧	
	100	100	—	钢渣处理	
	20	15	—	其他生产设施	

污染物	一般排放限值/（mg/m³）	特别排放值/（mg/m³）	超低排放指标限值/（mg/m³）	生产工序或设施	标准名称
颗粒物	50	30	—	半封闭炉、敞口炉、精炼炉	铁合金工业污染物排放标准（GB 28666—2012）
	30	20	—	其他设施	
	30	20	—	热轧精轧机	轧钢工业大气污染物排放标准（GB 28665—2012）
	30	30	—	废酸再生	
	20	15	10	热处理炉、拉矫、精整、抛丸、修磨、焊接机及其他生产设施	
	20	20	—	工艺加热炉	石油炼制工业污染物排放标准（GB 31570—2015）
	50	30	—	催化裂化催化剂再生烟气	
	20	20	—	工艺加热炉	石油化学工业污染物排放标准（GB 31571—2015）
	30	—	—	铅蓄电池	电池工业污染物排放标准（GB 30484—2013）
	30	10	—	再生铅	再生铜、铝、铅、锌工业污染物排放标准（GB 31574—2015）
二氧化硫	200	180	35	烧结机球团焙烧设备	钢铁烧结、球团工业大气污染物排放标准（GB 28662—2012）
	100	100	20	热风炉	炼铁工业大气污染物排放标准（GB 28663—2012）
	150	150	50	热处理炉	轧钢工业大气污染物排放标准（GB 28665—2012）
	100	50	—	工艺加热炉	石油炼制工业污染物排放标准（GB 31570—2015）
	100	50	—	催化裂化催化剂再生烟气	

污染物	一般排放限值/（mg/m³）	特别排放值/（mg/m³）	超低排放指标限值/（mg/m³）	生产工序或设施	标准名称
二氧化硫	400	100	—	酸性气回收装置	
	100	50	—	工艺加热炉	石油化学工业污染物排放标准（GB 31571—2015）
	150	100	—	再生铅	再生铜、铝、铅、锌工业污染物排放标准（GB 31574—2015）
氮氧化物	300	300	50	烧结机球团焙烧设备	钢铁烧结、球团工业大气污染物排放标准（GB 28662—2012）
	300	300	200	热风炉	炼铁工业大气污染物排放标准（GB 28663—2012）
	300	300	200	热处理炉	轧钢工业大气污染物排放标准（GB 28665—2012）
	150	100	—	工艺加热炉	石油炼制工业污染物排放标准（GB 31570—2015）
	200	100	—	催化裂化催化剂再生烟气	
	150	100	—	工艺加热炉	石油化学工业污染物排放标准（GB 31571—2015）
	200	100	—	再生铅	再生铜、铝、铅、锌工业污染物排放标准（GB 31574—2015）
非甲烷总烃	60	30	—	重整催化剂再生烟气	石油炼制工业污染物排放标准（GB 31570—2015）
	120	120	—	废水处理有机废气收集处理装置	
	120	120	—		
	去除效率≥95%	去除效率≥97%	—	有机废气排放口	
	120	120	—	废水处理有机废气收集处理装置	石油化学工业污染物排放标准（GB 31571—2015）
	去除效率≥95%	去除效率≥97%	—	含卤代烃有机废气	
	去除效率≥95%	去除效率≥97%	—	有机废气排放口	

污染物	一般排放限值/（mg/m³）	特别排放值/（mg/m³）	超低排放指标限值/（mg/m³）	生产工序或设施	标准名称
铅及其化合物	0.5	—	—	铅蓄电池	电池工业污染物排放标准（GB 30484—2013）
	2	2	—	再生铅	再生铜、铝、铅、锌工业污染物排放标准（GB 31574—2015）

无组织排放的大气污染物其排放限值如表 4-3 所示。无组织排放监控点的采样，采用任何连续 1 h 的采样平均值或在任何 1 h 内，以等时间间隔采集 4 个样品平均值。

表 4-3 我国主要固定源主要大气污染物无组织排放限值

污染物	排放限值/（mg/m³）	无组织排放源	排放标准
颗粒物	8.0	有厂房生产车间	钢铁烧结、球团工业大气污染物排放标准（GB 28662—2012）
	5.0	无完整厂房车间	
	8.0	有厂房生产车间	炼铁工业大气污染物排放标准（GB 28663—2012）
	5.0	无完整厂房车间	
	8.0	有厂房生产车间	炼钢工业大气污染物排放标准（GB 28664—2012）
	5.0	无完整厂房车间	
	1.0	企业边界	铁合金工业污染物排放标准（GB 28666—2012）
	5.0	板坯加热、磨辊作业、钢卷精整、酸再生下料	轧钢工业大气污染物排放标准（GB 28665—2012）
	1.0	企业边界	石油炼制工业污染物排放标准（GB 31570—2015）
	1.0	企业边界	石油化学工业污染物排放标准（GB 31571—2015）
非甲烷总烃	4.0	涂层机组	轧钢工业大气污染物排放标准（GB 28665—2012）
	4.0	企业边界	石油炼制工业污染物排放标准（GB 31570—2015）

污染物	排放限值/（mg/m³）		无组织排放源	排放标准
非甲烷总烃	4.0		企业边界	石油化学工业污染物排放标准（GB 31571—2015）
	10	6（特别排放限值）	厂房外监控点处 1 h 平均浓度值	挥发性有机物无组织排放控制标准（GB 37822—2019）
	30	20（特别排放限值）	厂房外监控点任意一次浓度值	挥发性有机物无组织排放控制标准（GB 37822—2019）
铅及其化合物	0.001		企业边界	电池工业污染物排放标准（GB 30484—2013）

第三节 排污许可制度

一、排污许可制度

2016 年开始的新排污许可证的申请与核发工作率先在火电、造纸行业固定源中开展，同时在京津冀重点区域大气污染传输通道上"1+2"重点城市（北京市、保定市、廊坊市）开始钢铁、水泥高架源排污许可证申请与核发试点工作，在海南省开展石化行业的排污许可证申请与核发试点工作。截至 2019 年 6 月底，已完成火电、造纸等 24 个行业排污许可证核发，共发证 5.1 万张，登记企业排污信息 3.8 万余家。同时在北京市、天津市等地开展了固定污染源排污许可清理整顿试点工作，对 24 个行业的无证排污违法行为专项执法检查。根据国务院印发的《控制污染物排放许可制实施方案》，到 2020 年，完成覆盖所有固定污染源的排污许可证核发工作，实现"一证式"管理。

（一）排污许可证的核发

生态环境部制定了排污许可分类管理名录，规定排放工业废气或者排放国家规定的有毒有害大气污染物以及集中供热设施的燃煤热源的大气污染源企业应在投入生产之前申领并取得排污许可证。按照污染物的产生量、排污量以及对环境的危害程度等因素对污染源企业实行差异化管理。对排污量小，危害程度低的企业实行简易化管理。排污许可证由污染源企业根据相关要求和技术规定提交包括污染源排放种类、排放浓度和排放量的申报材料，生态环境部负责全国排污许可制度的统一管理；省（市）级生态环境部门负责辖区内的排污许可制度的组织实施和监督；地（市）级生态环境部门负责除简化管理以外的排污许可证的核发；县级生态环境部门负责简化管理的排污许可证的核发。首次发放排污许可证的有效期为 3 年，延续换发有效期为 5 年。

（二）排污许可证的内容

排污许可制度有机地衔接了环境影响评价制度，将环境影响评价文件及批复中与污染物排放有关的主要内容纳入排污许可证。同时建立健全污染源企业污染物排放总量控制制度，通过实施排污许可制，对污染源企业实施总量控制的要求。排污许可证中主要包括以下内容。

1．基本信息

包括企业的名称、注册地址、法人代表、生产场所、行业类别、机构代码、统一社会信用代码等企业基本信息，以及排污许可证有效期限、发证机关、发证日期、证书编号和二维码等信息。

2．污染物排放信息

包括污染源企业排污口位置和数量、排放方式、排放去向等；排放污染物种类、许可排放浓度、许可排放量；地方政府在环境质量限期达标规划和重污染天气应对措施，对排污单位污染物排放的特殊要求。

3．环境管理信息

包括污染防治设施运行、维护，无组织排放控制等环境保护措施；自行监测方案、台账记录、执行报告等规定；排污单位自行监测、执行报告等信息公开的要求。

排污许可证包括正本和副本，正本载明了企业的基本信息，副本包括基本信息、污染物排放信息和环境管理信息。

（三）按证监管

2016 年国务院发布的《控制污染物排放许可制实施方案》规定按照"谁核发，谁监管"的原则定期开展监管执法，首次核发排污许可证后，应及时开展检查。2017 年 8 月，生态环境部发布了《火电、造纸行业排污许可证执法检查工作方案》中要求对第一批实行新排污许可证的火电、造纸行业开展专项执法检查行动，重点检查：①严厉打击无证排污行为：排查未按期持证排污企业及无证排污企业；②查处超许可证限值排污行为：重点检查主要排放口污染物排放是否达到许可排放浓度限值要求；③督促企业落实自行监测要求：重点检查企业是否开展自行监测，以及自行监测的点位、因子、频次是否符合排污许可证要求。2019 年 3 月，生态环境部发布了《关于在京津冀及周边地区、汾渭平原强化监督工作中加强排污许可执法监管的通知》，将排污许可证执行情况纳入相关重点区域强化监督定点帮扶工作，要求督促排污单位限期申领排污许可证，同时严格排污许可执法监管，严厉查处无证排污违法行为。根据《排污许可证申请与核发技术规范　总则》（HJ 942—2018）相关规定，针对企业污染物排放的合规性判断，生态环境主管部门可以依据排污单位的台账、执行报告、自行监测记录内容判断污染物排放浓度和排放量是否满足许可排放限值要求，也可以通过执法监测判断污染物排放浓度是否满足许可排放限值要求。

（四）排污许可制度的现状与不足

1. 排污许可制将成为固定源环境管理的核心制度

新排污许可制衔接了环评制度、整合了总量控制制度，对固定源排放大气等各类污染物达标排放、总量控制各项环节管理要求以及企业的责任和义务均在许可证中规定，实施"一证式"管理，为规范环境监管执法提供主要依据。

2. 污染物达标排放将成为环境监管的重点

当前我国环境管理的核心是改善环境质量，减少污染物排放是实现环境质量改善的根本手段，国家提出了"十三五"期间实现"全面达标排放"，以达标排放作为对企业监管的底线要求。排污许可证重点对固定源污染治理设施、污染物排放浓度、排放量以及管理要求进行许可达到工业污染防治的目标，促进企业达标排放，并有效控制区域流域污染物排放量。

3．排污许可制体系尚待完善

新排污许可制度目前还尚未实现全覆盖，从试点省份的清理整顿结果来看，有大量应发证企业仍游离于环境监管范围外，虽然各地方政府已相继制定了排污许可的实施细则，但从课题组调研情况来看，大多数地方执法时尚未将排污许可证纳入执法计划，还未在全国范围内形成依证执法、按证监管的执法体系。

二、固定源自行监测

《排污许可证管理暂行规定》（国办发〔2016〕81号）和《排污许可管理办法（试行）》（环境保护令 第48号）中要求污染物企业应依法开展自行监测，开展自行监测的在线监测设备和手工监测设备应符合有关环境监测、计量认证规定和技术规范，保障数据合法有效，保证设备正常运行，妥善保存原始记录，建立准确完整的环境管理台账，安装在线监测设备的应与生态环境部门联网，自行监测的数据应对社会公开，企业对数据真实性负责。污染物企业定期向生态环境部门报告排污许可证执行情况，当排放情况与排污许可证要求不符时，应及时向生态环境部门报告。将自行监测和定期报告作为一项明确的制度，要求企业开展自行监测，保证数据的合法有效，妥善保存原始记录，并对数据的真实性负责。企业排放情况与排污许可证要求不符的，应及时向生态环境部门报告，并将自行监测的信息公开，促使企业从"要我守法"向"我要守法"的转变。2013年环境保护部发布了《国家重点监控企业自行监测及信息公开办法（试行）》（环发〔2013〕81号），对重点监控企业的自行监测与报告、信息公开以及监督和管理做出了相关规定，督促企业履行责任和义务，开展自行监测。

（一）自行监测方案的制定

企业应当按照污染物排放标准、环评批复、监测规范等要求，制定自行监测方案，方案的内容包括企业基本情况、监测点位、频次、指标、方法、仪器以及质量控制、排放标准、限值、监测点位示意图、监测结果公开时限等。自行监测方案及调整变化情况，应及时向社会公开并向生态环境部门备案。

（二）自行监测的方式

1．手工监测

对于不要求采用自动监测要求的监测指标，企业可以采用手工监测，自行监测应遵守国家环境监测技术规范和方法，对国家未做规定的，可以采用国际标准和国外先进标准。开展手工监测必须具有符合要求的工作场所、条件、仪器、人员以及监测工作和质量管理制度。对大气污染物的手工监测，要求 SO_2、NO_x 每周至少开展一次监测，颗粒物每月至少开展一次监测，其他污染物每季度至少开展一次监测。

2．自动监测

对有自动监测要求的监测指标，采用自动监测设备全天连续监测。自动监测设备的安装应满足监测技术规范和自动监控技术规范，与生态环境部门联网，并通过生态环境部门的验收。自动监测设备的运维需要两名持有省级培训证书的人员，同时具备健全的设备运行管理和质量管理制度。

3．委托监测

企业可以采用委托监测的方式开展自行监测，委托监测的机构须为经省级生态环境部门认定的社会检测机构或生态环境部门的监测机构，但不包括承担该企业监督性监测任务的监测机构。

（三）自行监测报告

企业自行监测的原始记录、运维记录等应保存 3 年，并向生态环境部门报告自行监测情况，报告的内容包括：①发现污染物排放超标的，及时分析原因并报告；②每月初 7 个工作日内包括按自行监测结果核算的主要污染物的排放量；③每年 1 月底前报告上年度的自行监测情况。

（四）信息公开

企业将基础信息、自行监测方案、自行监测结果、未开展自行监测的原因以及年度报告通过网站、报纸等方式公开自行监测信息，同时，在生态环境部门统一组织建立的平台上公布，并至少保存一年。

（五）企业自行监测的现状和不足

1. 企业自行监测是企业"自证守法"的重要依据

企业自行监测结果是评价排污单位治污效果、排污状况、对环境质量影响状况的重要依据，自行监测的原始记录是对企业管理台账、排污许可执行报告的有效补充，是企业"自证守法"的重要证据。《国家重点监控企业自行监测及信息公开办法（试行）》（2013 年）的实施以及《排污单位自行监测技术指南　总则》和火电及锅炉、造纸等 17 个行业的排污单位自行监测技术指南的发布，都有力地推动了企业自行监测和信息公开的工作。

2. 企业自行监测执行率低、监测不规范、监测指标不全

根据"企业自行监测及信息公开信息调度管理系统"的统计结果，2015年全国共有 483 家钢铁企业开展了自行监测并公开信息，其中，主要污染源的排气筒占比约 80%，非主要污染源的排气筒占比约 20%，覆盖率偏低；仅有 6 家企业开展了无组织排放监测；对全指标开展监测的烟囱占比不足10%[55]。2018 年 7 月，宁夏回族自治区环保厅从全区 116 家已核发排污许可证的排污单位中，随机抽取了 14 家企业，对其开展自行监测情况进行监督性检查，并对检查情况进行了通报。根据通报，这 14 家企业中，有 6 家自行监测开展不规范，1 家自行监测方案制定不规范，5 家自行监测信息公开不规范。根据抽查，自行监测开展存在监测点位、自行监测平台不规范、没有相应监测标识、监测指标存在漏测等 6 方面问题。自行监测方案制定

存在监测指标不全、部分执行标准有误、缺少对所委托的第三方实验室的质量保证要求等 6 方面问题。在自行监测信息公开方面，14 家企业普遍存在公开信息不完整、数据公开不及时、报告缺少监测点位、监测浓度、污染物排放方式及排放去向、缺少未开展自行监测的原因和污染源监测年度报告等问题。企业对自行监测的重要性认识还不够，出于自身利益的考虑，通常不愿为环境保护投入较多的人力、物力成本，企业自行监测存在执行率低、监测不规范、监测指标覆盖不全等问题。

3. 企业自行监测监管力度不足

首先，对企业不履行自行监测和信息公开的违法行为给予的社会公布、不予环保上市核查、暂停环保补助、暂停环评和排污许可等处罚方式以及《企业事业单位环境信息公开办法》（2015 年）中规定的 3 万元以下的罚款力度不足，远低于企业在自行监测方面的经济投入，导致违法成本太低。其次，对于企业自行监测的监管目前主要是对企业是否开展自行监测、是否信息公开的监管，而对自行监测的质控、频次、指标等的监管相对较弱。

4. 第三方监测机构的市场机制还不成熟

根据 2012 年环境保护部在全国范围开展的国控企业污染源自行监测能力调查结果，参与调查的 13 352 家企业中，有 67%的企业开展了自行监测，其中，20%采用手工监测企业，有 30%委托第三方机构监测，采用自动监测的企业中有 74%委托第三方机构运维。通过委托第三方机构开展自行监测已经成为企业开展自行监测的主要方式，由专业机构开展监测，也有利于企业节约成本。但是目前，我国的第三方监测机构的市场机制还不成熟，环境监测的数据质量难以保证。2019 年 3 月，生态环境部通报了武汉市华测监测技术有限公司为企业提供自行监测服务中弄虚作假的行为；国内第三方检测机构排名第 1~2 位的江苏力维检测公司因在为企业提供自行监测服务中弄虚作假，2017 年被江苏省质量技术监督局注销检验检测机构资质认定证书。目前我国尚未出台针对承担企业自行监测的第三方机构的具体要求和管理措施的相关法律法规、第三方环境监测市场准入制度、人员管理制度、日常管理制度等，这些相关制度的缺失导致第三方监测数据有失公正。

第四节　大气固定源执法监管相关规范

一、环境监察办法

为促进环境监察队伍建设、提高环境执法能力和水平、加强环境监察工作，环境保护部在原有的《环境监理工作暂行办法》（1991 年）、《环境监理人员行为规范》（1995 年）、《环境监理工作程序（试行）》（1996 年）、《环境监理工作制度（试行）》（1996 年）、《关于进一步加强环境监理工作若干意见的通知》（1999 年）等文件基础上，于 2012 年 7 月颁布实施了《环境监察办法》。《环境监察办法》对环境监察工作的指导原则、管理体制、环境执法机构设置及职能和工作要求，都做出了规定。规定了对固定源现场执法时不得少于两人，从事现场执法的工作人员应持有《中国环境监察执法证》，建立对环境监察人员的培训考核制度。

二、环境督查

2015 年 7 月，中央深改组第十四次会议审议通过了《环境保护督察方案（试行）》，明确建立环境保护部督查机制，以中央环境保护督察组的形式，对地方党委和政府及其有关部门开展环境保护督察，并提出环境保护"党政同责、一岗双责"，督查结果将作为领导干部考核评价任免的重要依据。2016 年 1 月，中央环境保护部督查工作全面开展，将在 2 年内对全国各省（自治区、直辖市）开展督查。在中央环境保护部督查工作的推动下，各地方政府也在积极开展地方环境保护督察工作，环境保护督察工作重点由"督企""督政"转为"党政同责、一岗双责"。

三、行政执法后督查

环境行政执法后督查，是指环境保护主管部门对环境行政处罚、行政命令等具体行政行为执行情况进行监督检查的行政管理措施。2007 年 6 月，胡锦涛主席在《国内动态清样》上批示，"对生态环境部门在督查中责令停产整顿的企业要有后续督查措施，对拒不执行的要依法严肃处理。"2007年8月，国家环境保护总局印发了《关于加强环境执法后督查工作的通知》（环办函〔2007〕104号），要求各地对环保专项行动开展以来查处的环境违法案件行政处罚执行情况进行一次全面清理，拉开了我国环境行政执法后督查的序幕。2011年3月环境保护部颁布实施了《环境行政执法后督查办法》，从国家规章上明确了环境行政执法后督查的地位。生态环境部门可以将环境行政执法后督查情况向商务部门、工商部门、监察机关、人民银行等有监管职责的部门或者机构通报，并向社会公开拒不执行已生效的环境行政处罚决定的企业名单。

四、环境监察稽查

为了监督检查环境执法机构依照《环境监察办法》开展环境监察工作情况，2014年10月，环境保护部颁布了《环境监察稽查办法》，由区域环保督查中心、设区的市级以上环境执法机构具体对本行政区的下级环境执法机构开展日常稽查、专项稽查和专案稽查，从而促使下级政府和生态环境部门依法行政，监督排污固定源依法履行环保法律责任和义务。

五、行政自由裁量权

环境行政处罚是在环境监管执法中运用最广泛的手段。由于环境违法问题的多样性、复杂性，我国环境法律、法规在法律责任的规定上赋予了环境行政机关一定的自由裁量权。环境行政处罚机构依法享有在环境行政处罚实施权限范围内，对环境违法行为是否给予处罚、给予何种处罚以及处罚轻重的自由裁量权。自由裁量权虽然可以灵活应对环境执法过程中复杂多变的情况，但是也增加了滥用职权的可能性。2009年环境保护部先后出台了《规范环境行政处罚自由裁量权若干意见》和《主要环境违法行为行政处罚自由裁量权细化参考指南》，旨在规范行使环境行政处罚自由裁量权。各省（区、市）也制定了地方环境行政处罚自由裁量基准或标准。这些指南或规范的制定是为了规范行使环境行政处罚，但是指南或规范的修订跟不上环境法律、法规修订的速度，其对自由裁量权的规范行使作用有限。"环保行政处罚裁量辅助决策系统"是利用信息化技术手段，规范环保行政处罚工作和进行处罚结果裁量计算的系统软件，从而减少在行政裁量中的人为影响。目前在江苏、吉林、甘肃、重庆、哈尔滨、山东日照、河北衡水等地区都采用了辅助决策系统。

第五章 我国（大陆地区）大气固定源执法监管组织保障体系

党的十八大以来，我国做出了"大力推进生态文明建设"的战略决策，生态环境保护在社会经济发展中的重要性不断提升。随着省以下环保机构监测监察执法垂直管理制度改革、深化生态环境保护综合行政执法改革等措施的出台，我国大气固定源执法监管组织保障体系将更加完善。

第一节 大气固定源执法监管的机构设置

我国环境执法机构的前身是各级环保局（厅）所属的环境监理类机构，2002 年国家环境保护总局发布《关于统一规范环境监察机构名称的通知》中要求全国环境监理类机构统一更名为环境监察机构。2003 年国家环境保护总局增设了环境监察局，并明确了环境监察局的职责。环境监察机构负责具体实施环境监察工作，监督环境保护法律、法规的执行；现场监督检查固定源的污染物排放情况、污染防治设施运行情况、环境保护行政许可执行情况、建设项目环境保护法律法规的执行情况；查处环境违法行为等。2018 年 9 月发布的《生态环境部职能配置、内设机构和人员编制规定》将环境监察局更名为生态环境执法局。2018 年 12 月中共中央办公厅、国务院办公厅印发了《关于深化生态环境保护综合行政执法改革的指导意见》，对生态环境保护综合行政执法改革做出全面规划和系统部署。

我国环境执法机构分为国家、省级、设区的市级、县级以及县级的派出机构和乡镇级。在省以下环保机构监测监察执法垂直管理制度改革及国家机构深化改革以前（以下简称改革前），县级以上环境执法机构属于各级生态环境部门的直属单位，由县级以上生态环境部门负责本行政区域的环境执法监管工作，并为环境执法机构提供必要的工作条件。各级环境执法机构，负责具体实施环境执法监管工作、对本级环境保护主管部门负责。我国主要实行分级管理、分区域管理的环境执法监管体系。国家生态环境部门对全国的环境执法监管工作实施统一监督管理[56]。各级环境执法机构主要工作职责如表 5-1 所示。

表 5-1　改革前我国各级环境执法机构主要工作职责

环境执法机构	主要职责
国家级	①拟订环境监察行政法规、部门规章、制度，组织实施并监督环境保护方针、政策、规划、法律、行政法规、部门规章、标准的执行。 ②全国范围内的重大环境问题的统筹协调和监督执法检查，指导和协调跨地区、跨流域的重大环境问题和环境污染纠纷。 ③组织开展全国环境保护执法检查活动，开展环境执法稽查，负责环境执法后督查和挂牌督办工作。 ④指导全国环境监察队伍建设和业务工作以及环境保护督查中心环境监察执法相关业务工作
区域派出机构	监督区域内地方政府对国家环境政策、规划、法规、标准执行情况
省级	①对全省排污单位或个人执行环境保护法律、法规、规章和政策情况进行现场监督检查；组织调查省内跨地区、跨流域重大环境污染事故、污染纠纷事件。 ②受理环境事件公众举报和重大环境信访案件的调查、处理工作。 ③开展省内环境执法稽查、后督查工作。 ④指导监督全省环境监察队伍建设以及业务工作
市级	①对辖区单位和个人执行环境保护法律、法规、政策和规章的情况进行监督检查，现场检查污染治理设施运行情况并对环境违法行为进行调查。 ②协调市内跨地区、跨流域重大环境污染事故、污染纠纷事件，办理环境信访投诉。 ③指导监督全省环境监察队伍建设以及业务工作
县级	①对辖区内单位和个人执行环境保护法律、法规、政策和规章的情况进行监督检查，现场检查污染治理设施运行情况并对环境违法行为进行调查。 ②受理环境事件公众举报、调查和处理

　　改革前我国省级及以下各级环境执法机构虽然也接受上级环境执法机构的业务指导和监督（图 5-1），但地方环境执法机构人事权和经费来源均由地方政府掌控，在部分地方保护主义严重的地区，环境执法工作难以开展。这种以块为主的监察体系，难以强化地方党委、政府及其他部门对环境保护的责任，违法企业在地方政府的纵容下肆无忌惮地超标排放，而地方生态环境部门却无能为力，甚至为应付上级检查，通风报信、弄虚作假。

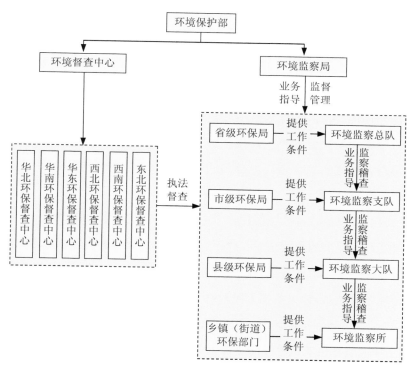

图 5-1　改革前我国环境执法机构

第二节　环境保护督察

一、区域督查派出机构

　　区域环境保护督查中心是生态环境部的派出机构，为了解决跨区域性的环境问题以及地方政府对环境执法的干扰，2002 年，首先成立了华东环保督查中心、华南环保督查中心。2005 年，国务院发布《关于落实科学发展观 加强环境保护的决定》，专门强调"健全区域环境督查派出机构，协调跨省域环境保护，督促检查突出的环境问题"，进一步推动环保督查机制的建立，2006 年，西北环保督查中心、西南环保督查中心、东北环保督查中心相继成立；2008 年华北环保督查中心成立，形成了按地理区划的六大区域环保督查中心，监管范围覆盖了全国 31 个省（区、市）。

根据 2008 年环境保护部成立时印发的《环境保护部机关"三定"实施方案》的规定，各环境保护督查中心受环保部委托，负责所监管区域的环境执法督查工作，主要工作职责是监督地方对国家环境政策、规划、法规、标准执行情况。环保督查中心的组织协调工作由环境保护部设在环境监察局的督查办负责安排，环保督查中心负责督查的事项包括例行督查事项、交办督查事项和自主督查事项，根据督查事项的工作需要，督查的形式可分为由督查办抄送省级生态环境部门的明查事项和接督查办通知后直接赴现场调查的暗查事项。

在 2014 年以前，各环境保护督查中心督查工作的重点是检查、督促污染企业遵守环境保护的政策法规、改正违法行为，并通过环保约谈、区域限批、挂牌督办、限期治理等措施不断强化督查的效力。为了有效监督地方政府落实环境政策法规，地方各级人民政府应当对本行政区域的环境质量负责，2014 年 12 月，环境保护部印发《综合督查工作暂行办法》（环发〔2014〕113 号），指出环境监管执法从单纯的监督企业转向监督企业和监督政府并重，环境保护督查工作重点由"督企"转为"督政"。2018 年 9 月中编办发布的《生态环境部职能配置、内设机构和人员编制规定》将六大区域环保督查中心由事业单位变更为生态环境部的派出行政机构，分别命名为生态环境部华北区域督查局、华东区域督查局、华南区域督查局、西北区域督查局、西南区域督查局、东北区域督查局，承担所辖区域内的生态环境保护督查工作。

二、中央环境保护督察

2015 年 7 月，中央深改组第十四次会议审议通过了《环境保护督察方案（试行）》，2016 年 1 月，中央环境保护督察工作全面开展，中央环境保护督察由中央主导，组长由省部级干部担任，副组长由环保部副部级干部担任。将省级党委和政府及其有关部门作为环境保护督察的主要对象。主要目标是推动落实环境保护"党政同责""一岗双责"，通过督促地方党委、政府切实落实环保主体责任，加快解决突出环境问题。督查结果作为被督查对象领导班子和领导干部考核评价任免的重要依据。

2016 年，共对全国 16 个省（区、市）进行了中央环境保护督察，共受理群众举报 3.3 万余件，立案处罚 8 500 余件、罚款 4.4 亿多元，立案侦查 800 余件、拘留 720 人，约谈 6 307 人，问责 6 454 人[57]。在中央环境保护督察工作的推动下，各地方政府也在积极开展地方环境保护督察工作，截至 2017 年 3 月，全国已有 24 个省份出台了省级环境保护督察方案，24 个省份出台了党政领导干部生态环境损害责任追究实施细则[58]。

环境保护督察工作重点由"督企"转为"督政"再到"党政同责、一岗双责"，不断加强的环保督查力度，促使地方领导干部提高对环保的重视程度，体现了地方党委与政府作为环境保护的责任主体，落实了《环境保护法》《大气污染防治法》等法律法规的实施。

从近几年开展的中央环境保护督察行动来看，中央环境保护督察是依托我国最高政治权威的一项"运动型"的治理行动，在短时间内取得了立竿见影的效果，环境保护工作在地方政府也受到高度重视，而地方政府效仿出台的地方环境保护督察方案，也促进了地方政府建立环境保护的长效机制。

第三节　环境执法机构改革

一、省以下执法监管机构垂直改革

2016 年 9 月，中共中央办公厅、国务院办公厅印发了《关于省以下环保机构监测监察执法垂直管理制度改革试点工作的指导意见》，开始推进环保机构监测监察执法垂直管理改革。河北、上海、江苏、福建、山东、河南、湖北、广东、重庆、贵州、陕西、青海 12 个省（市）提出了改革试点申请，"十三五"时期我国将全面完成环保机构监测监察执法垂直管理制度改革任务。实行改革后，环境执法机构在能力建设、职责分配（图 5-2）等方面将会发生以下几点变化。

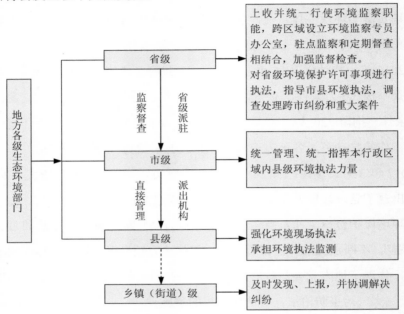

图 5-2　省以下监察执法垂管改革后职责分工

　　生态环境部门掌握环境保护系统人事权。市级生态环境部门实行以省级生态环境部门为主的双重管理，省级生态环境部门拥有市级生态环境部门负责人的提名权，以及市级生态环境部门党组书记、副书记、成员的审批任免权。县级生态环境部门成为市级生态环境部门的派出机构，由市级生态环境部门直接管理，领导班子成员由市级生态环境部门任免。

　　省级生态环境部门成为监督者和检查者。市县两级生态环境部门的环境监察职能上收，由省级生态环境部门统一行使，通过环境执法机构或派驻属地的环境执法机构，采取列席市县政府相关会议、开展日常驻点监察、参与督查巡视的方式，对市县两级政府及相关部门环境保护法律法规、标准、政策、规划执行情况，"一岗双责"落实情况进行监督监察，省级生态环境部门环境监察职能转为以"督政"为主。

市县生态环境部门成为环境现场执法主力。环境执法重心向市县下移，按照属地执法原则，市级环保局统一管理、指挥本行政区域内县级环境执法力量，具体实施现场检查、行政处罚、行政强制等执法活动，市县生态环境部门成为环境现场执法的主力。

二、生态环境保护综合行政执法改革

2018 年 12 月中共中央办公厅、国务院办公厅印发了《关于深化生态环境保护综合行政执法改革的指导意见》，首次将生态环境执法队伍正式纳入国家行政执法序列，同时进一步推动深化生态环境保护综合行政执法改革，针对生态环境保护领域的执法职责，建立职责明确、边界清晰的执法体制，并对实行综合执法的范围进行了明确和细化。截至 2019 年 4 月，天津、河北、山西等 16 个省（区、市）和新疆生产建设兵团已印发综合行政执法改革意见。北京等 11 个省（区、市）已初步确定方案或正履行签发程序。

根据指导意见，到 2020 年基本建立职责明确、边界清晰、行为规范、保障有力、运转高效、充满活力的生态环境保护综合行政执法体制，基本形成与生态环境保护事业相适应的行政执法职能体系，各级环境执法机构职责分工更加明确，对执法队伍建设提出新要求（图 5-3），具体如下。

省级层面不设执法队伍。国家大力推进"放管服"改革，大部分的行政许可、处罚、强制等事项都下放到了基层，省级直接组织开展的执法事项大幅减少。随着属地管辖原则的落实和执法重心的下移，各地省级生态环境执法队伍作为全省执法队伍中枢和管理者的角色日益凸显。省、自治区、直辖市原则上不设执法队伍。对于已设立的执法队伍要进行有效整合，统筹安排，现有事业性质执法队伍逐步清理消化。省级生态环境部门强化统筹协调和监督指导职责，主要负责监督指导、重大案件查处和跨区域执法的组织协调工作。

整合市区两级执法队伍。整合市区两级生态环境保护综合执法队伍，原则上组建市级生态环境保护综合执法队伍。市级执法机构侧重于宏观与微观相结合，不仅要参与执法，还要对全市的执法力量进行管理，指导意见赋予了设区的市生态环境保护综合执法承担所辖区域内执法业务指导、组织协调和考核评价职能。

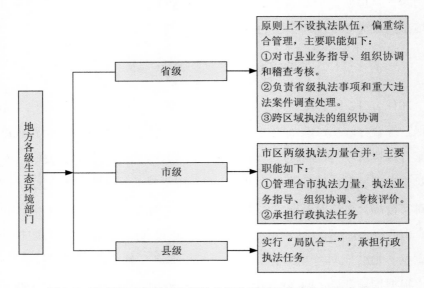

图 5-3　生态环境保护综合行政执法改革后机构变化及职责分工

县级执法机构"局队合一"。县级生态环境分局上收到设区市，实行"局队合一"，执法重心下移，市县级执法机构承担具体执法事项。"局队合一"从当前普遍存在重审批、轻监管的现状来考虑，把更多的行政资源转到加强事中事后监管上来，从而提高行政执法效能。推行"局队合一"，也为从根本上转变各地生态环保执法队伍的身份性质提出了解决方案。

综上分析，改革后执法和监督体系将更为规范，体制和机制保障更为健全。地方环保系统极大地减少了对市县地方政府的依赖和附庸，省级生态环境部门的职责更侧重于市县政府和其他部门环境保护责任落实的监督和检查，具体的环境执法则成为县级生态环境部门的核心工作。综合执法队伍改革的重大改变，将极大提高生态环境执法队伍的规范化、制度化、现代化水平。

第四节　环境执法人员

环境执法机构的录用工作人员，应当符合《中华人民共和国公务员法》的有关规定。从事固定源现场执法工作的环境监察人员不得少于两人，并出示中国环境监察执法证。环境监察人员通过岗位培训并考试合格后取得监察执法证。

一、现场监管执法人员的要求

岗位培训。环境监察人员岗位培训分为五年规划和年度计划，分级分类开展培训，设区的市级、县级环境执法机构的主要负责人和省级以上环境监察人员的岗位培训由生态环境部统一组织，其他环境监察人员的岗位培训由省级生态环境部门组织。环境监察执法人员每 5 年至少参加一次执法资格培训并经考试合格。环境监察人员参加岗位培训的情况，作为考核、任职的主要依据。

持证上岗。县级以上环保主管部门中有大专以上学历、有正式编制的环境监察人员，在环境保护主管部门工作满一年后参加环境监察执法资格培训并经考试合格，可以申领监察执法证。持证人按照证件载明的职责和区域范围从事环境监察执法工作，执法证每两年审验一次。

考核制度。对环境监察人员实行考核制度，对工作表现突出、有显著成绩的工作人员给予表彰和奖励。对在环境监察工作中违法违纪人员给予处分并暂扣、收回中国环境监察执法证；涉嫌构成犯罪的依法追究刑事责任。

二、现场监察执法人员的职权

现场调查取证。环境监察人员对固定源进行现场执法检查时，①有权依法进入固定源进行勘察、采样、监测、拍照、录音、录像和制作笔录；②查阅、复制相关资料；③约见、询问有关人员，要求说明相关事项，提供相关材料。环境监察人员对固定源应全面客观地调查并如实记录。进行调查取证时，一般情况下固定源的当事人应当到场，采取暗查或者当事人不配合调查的情形除外。进行现场检查以及采样时采取拍照、摄像等方式记录现场情况，制作现场检查笔录。在证据可能灭失的情况下，调查人员可先行保存证据，由当事人和调查人员共同签名确认。

当场行政处罚。对固定源现场执法检查时发现的违法行为，环境监察人员当场责令停止或者纠正固定源的违法行为。并且针对以下情况可以当场做出行政处罚决定并将行政处罚决定书当场交付当事人：①对固定源处以 1 000 元以下的罚款的行政处罚简易程序；②当场认定固定源违法排放污染物，向排污者送达责令改正违法行为决定书，责令立即停止违法排放污染物行为；③紧急情况下，可当场实施查封、扣押等措施。

随着经济的快速发展，各类工业行业层出不穷，生产工艺也千变万化，造成了工业污染源的种类繁多、成分复杂、排放方式各异，而改革后行政执法的主力军县级执法队伍受专业素质水平限制，更无法完全满足现场执法要求。而与此同时，环境执法机构又面临人员少、任务重的窘境，特别是近几年各类专项检查任务应接不暇，而且常常需要在节假日期间、夜间开展突击检查行动，基层执法人员普遍面临工作密集、压力大、要求也越来越高，感到力不从心。2014 年 11 月，国务院办公厅印发《关于加强环境监管执法的通知》，部署全面加强环境监管执法，强调要加强执法队伍建设，建立重心下移、力量下沉的法治工作机制，强化执法能力保障。《通知》印发以来，环境监管执法队伍建设迈入快车道，市、县环境监管执法队伍建设有了长足的进步，持证上岗率有了大幅提升，环境执法机构标准化建设持续推进，自动监控、卫星遥感、无人机等技术监控手段逐步运用，解决了一大批影响科学发展和损害群众健康的突出环境问题。

第六章　固定源监管技术与方法

随着"大气十条"等大气污染防治措施的逐步推行，我国对 SO_2、NO_x、颗粒物、VOCs 等大气污染物的减排力度不断加大，固定源废气中排放的 SO_2、NO_x、颗粒物、VOCs 也成为执法监管的重点，各种新兴的监测技术手段也应运而生。

第一节　实验室分析技术方法

固定源大气污染物的实验室监测方法主要是指现场采样后需在实验室内进行分析测算的监测技术方法。固定源大气污染物的实验室监测方法如表 6-1 所示。大气污染物由于挥发、吸收、分解等原因，对采集样品的保存条件、保存时间都有较高的要求，在保存、运输等中间环节，污染物极易发生损耗，容易造成最终检测结果与实际值的偏差[60]。

表 6-1　主要废气污染物国标监测方法及仪器

污染物	标准名称	标准编号	检测方式
颗粒物	固定污染源排气中颗粒物测定与气态污染物采样方法	GB/T 16157	现场采样实验室分析
	固定污染源废气 低浓度颗粒物的测定 重量法	HJ 836	现场采样实验室分析
二氧化硫	固定污染源排气中二氧化硫的测定 碘量法	HJ/T 56	现场采样实验室分析
氮氧化物	固定污染源排气中氮氧化物的测定 紫外分光光度法	HJ/T 42	现场采样实验室分析

污染物	标准名称	标准编号	检测方式
氮氧化物	固定污染源排气 氮氧化物的测定 酸碱滴定法	HJ 675	现场采样实验室分析
	固定污染源排气中氮氧化物的测定 盐酸萘乙二胺分光光度法	HJ/T 43	现场采样实验室分析
VOCs	固定污染源废气 挥发性有机物的采样 气袋法	HJ 732	固定污染源废气中非甲烷总烃和部分 VOCs 的采样方法
	固定污染源废气 挥发性有机物的测定 固相吸附-热脱附/气相色谱-质谱法	HJ 734	填充了合适吸附剂的吸附管现场采样后,在实验室进行二级热脱附,经气相色谱分离后用质谱检测

第二节　在线监测技术

在线监测技术可以对固定源排放的颗粒物和气态污染物的排放浓度和排放量进行连续、实时的自动监测。我国规定重点排污单位应按相关要求对监测频次高、自动监测技术成熟的监测指标优先选用自动监测技术。针对固定源废气中的 SO_2、NO_x、颗粒物的在线监测,我国目前已经出台了《固定污染源烟气(SO_2、NO_x、颗粒物)排放连续监测技术规范》(HJ 75)和《固定污染源烟气(SO_2、NO_x、颗粒物)排放连续监测系统技术要求及检测方法》(HJ 76)。VOCs 和气态的重金属污染物只在部分省(区、市)开展了试点在线自动监测。根据对相关企业的调研,目前北京、上海、深圳等多地均开展了 VOCs 在线自动监测的试点工作,但我国尚未出台 VOCs 在线自动监测的相关技术规范。苏州市部分企业试点安装了烟气铅在线监测设备,但一套烟气铅在线监测设备价格约为 100 余万元,由于价格昂贵,试点企业也仅在个别排放口安装了烟气铅在线监测设备。

第三节　便携式检测技术

一、二氧化硫和氮氧化物

二氧化硫和氮氧化物便携式监测方法有定点位电解法、非分散红外吸收法、紫外差分吸收光谱法、傅立叶红外光谱法、高温红外检测法等，其中定点位电解法和非分散红外吸收法是标准监测方法。定点位电解烟气分析仪的国内外主要厂商有德国德图、英国凯恩、德国微乐，国产的有武汉天虹和青岛崂应等，非分散红外烟气分析仪厂家主要有日本崛场，国内厂家主要有青岛崂应、武汉天虹、北京雪迪龙和武汉四方等。其中德国德图Testo350，由于仪器轻便、价格低、响应时间短，应用较为广泛。但定点位电解法和非分散红外吸收法易受烟气中的水汽影响，定点位电解法在 CO较高、烟气温度大于 40℃时测试结果也会受到影响。紫外差分吸收光谱法具有受水汽干扰小、响应时间快、检出限低等特点，但与定电位电解法监测仪器相比，目前市场上的紫外差分吸收光谱法的监测仪器体积较大；傅立叶红外光谱法可同时监测多组分的气体，基本不受水分和 CO 的干扰，但是仪器较重，价格较高；高温红外检测法特点是适用于高温烟气的监测。这些仪器的监测方法尚未出台国家监测方法标准，现场监管执法时可作为辅助执法监测设备。

（一）定点位电解法

定点位电解法通常也称为电化学法，它是利用库仑分析原理的监测分析方法，其核心原理是利用定点位电解传感器进行烟气的测定，20 世纪80 年代中期，便携式烟气检测仪器就引入我国[61]。定点位电解法的便携式检测仪由于体积小、携带方便、操作便捷、响应时间短等优点，在我国得到广泛应用，是固定污染源废气中测定 SO_2 和 NO_x 使用率最高的方法。但是由于我国固定源普遍采用湿法脱硫技术导致烟气中的含湿率较高，定点位电解法监测的结果会产生负偏差；另外，烟气中的 CO、NO_2、H_2S 等气体也会导致定点位电解法监测结果产生偏差，CO 在监测过程中对 SO_2 的测定干扰最为普遍且复杂多变，当烟气中 CO 的浓度达到一定限制时，对 SO_2 测试将产生严重的正干扰[62, 63]。在钢铁厂烧结机机头、高炉煤气锅炉等 CO 浓度含量较高的固定源废气中，该方法就不适用。定点位电解法监测仪器传感器的气体温度还不能高于 40℃，否则误差极大。定点位电解烟气分析仪主要生产厂家有德国德图、英国凯恩、德国微乐，国产的有武汉天虹和青岛崂应等。其中，应用较为广泛的是 Testo 350，根据选配的传感器可以监测 SO_2、NO_x、CO、CO_2、H_2S 以及 C_xH_y，同时还能测定压差、温度、烟气的流速/流量。

（二）非分散红外吸收法

非分散红外吸收法属于光学分析方法，其原理为：SO_2 和 NO_x 气体在红外光谱具有选择性吸收，红外光通过气体时，其光通量的衰减与 SO_2 和 NO_x 浓度符合朗伯-比尔定律[64]。非分散红外吸收法测定固定污染源中 SO_2 和 NO_x，不受 CO 等气体的交叉干扰，在室温下，样品含水量或水蒸气低于饱和湿度时对测定结果无干扰[65]，但更高的含水量或水蒸气对测定结果有负干扰。与定点位电解法相比，非分散吸收法测试结果的可靠性以及抗干扰性都优于定点位电解法，但是由于商品化的便携式分散吸收法分析仪存在预处理装置的除湿效果不够完善、仪器体积较大、较重、不易携带、配件集成度较低、预热时间较短、价格较高等缺点，应用没有定电位电解法的仪器广泛。非分散红外烟气分析仪厂家主要有日本崛场，国内厂家主要有青岛众瑞、青岛崂应、武汉天虹和武汉四方等。

（三）紫外差分吸收光谱法

紫外差分吸收光谱法也属于光学分析方法，是基于 SO_2 和 NO_x 在 200～400 nm 的近紫外区内产生特征吸收原理，从而测得 SO_2 和 NO_x 的浓度[66]。由于水在紫外光谱中吸收 10～200 nm 的远紫外区的波长光，因此利用非分

散紫外吸收法测定 SO_2 时不受水分的干扰[67]。紫外差分吸收光谱法更适用于低浓度的 SO_2 的监测，测定固定污染源中 SO_2 时，监测结果不容易受到水分和高浓度 CO 的干扰。紫外差分吸收光谱法监测 SO_2 虽然具有运行稳定、受干扰小、响应时间快、检出限低的特点[66-68]，但是由于不是国家标准方法，应用范围不广泛。与定电位电解法监测仪器相比，目前市场上的紫外差分吸收光谱法的监测仪器体积较大，也较重。山东省针对便携式紫外吸收法多气体测量系统技术要求及检测方法颁布了地方标准，便携式紫外吸收法的烟气分析仪，国内主要的仪器厂家有武汉天虹、青岛崂应、青岛博睿、青岛众瑞等。

（四）傅立叶红外光谱法

便携式傅立叶红外光谱仪是综合红外光谱原理、迈克尔干涉仪技术和傅立叶变换数学方法的一种分析仪器[69]。可对多组分气体同时进行分析，可定量监测包括 SO_2、NO_x 以及部分 VOCs 在内的 50 种组分，同时还能进行未知气体快速定性、半定量监测。便携式傅立叶红外光谱仪监测 SO_2 基本不受水分和 CO 的干扰，但是仪器较重，价格较高，主要是在我国突发性环境事故中应用较多[69, 70]。便携式傅立叶红外烟气分析仪，如荷兰 GASMET FTIR Dx4020 便携式傅立叶红外气体分析仪是综合红外光谱原理、迈克尔干涉仪技术和傅立叶变换数学方法的分析仪器，可定量监测包括 SO_2、NO_x 以及部分 VOCs 在内的 50 种组分，目前主要用于环境应急监测工作中。

（五）高温红外检测法

高温红外多组分烟气分析仪采用单光束双波长红外技术，针对高温气体分析，如德国福德士 MCA14-M，可用于气体污染物的连续排放监测（如 CO、NO、N_2O、NO_2、NH_3、CH_4、HCl、SO_2），以及 CO_2、H_2O 和 O_2 的监测（表6-2）。

表 6-2　SO$_2$ 和 NO$_x$ 主要便携式监测方法分析比较

分析方法	方法特点	仪器厂商
定点位电解法	标准监测方法，体积小，操作便捷，响应时间短，在低温下仍可正常工作。易受水汽影响和高浓度的 CO 干扰，烟气温度不能高于 40℃	武汉天虹、青岛崂应、德国德图、英国凯恩等
非分散红外法	标准监测方法，抗干扰能力强，不受 CO 等气体干扰，预热时间短，抗震性能好，可车载使用。易受水汽影响，仪器体积较大	青岛崂应、武汉天虹、武汉四方、日本崛场等
紫外差分吸收光谱法	山东省地标监测方法，不受水汽和 CO 干扰，开机无须预热，可在严寒地区使用，适用于低浓度监测	青岛众瑞、武汉天虹、青岛崂应、青岛博睿等
傅立叶红外光谱法	可同时监测 SO$_2$、NO$_x$ 和 VOCs 等多种组分，不受水汽和 CO 干扰，仪器比较昂贵	芬兰 GASMET、美国 Smiths Detection 等
高温红外检测法	可对高温气体分析	德国福德士等

　　总体来说，定点位电解法和非分散红外吸收法方法成熟、应用广泛、仪器轻便、监测响应时间短，可满足大多数的固定源废气中的 SO$_2$、NO$_x$ 的测定。对于紫外差分吸收光谱法、傅立叶红外光谱法、高温红外检测法的监测仪器，这些仪器的监测方法尚未出台国家监测方法标准，现场监管执法时可作为辅助执法监测设备。

二、颗粒物

（一）光散射法

　　光散射法在颗粒物便携式监测仪器中应用较多，但大多数以监测环境空气为主，用于烟尘监测的代表产品有德国 SMG200M 便携式烟尘直读测量仪。

（二）微震荡天平法

　　微震荡天平法具有高精度的特点，在国外的污染源监测中应用较多，目前，在国内只应用于环境空气中 PM$_{2.5}$ 的监测。代表产品有德国威乐 SM-500 现场直读式烟尘测试仪。

（三）β射线法

β射线法已广泛应用于环境空气中颗粒物的监测，在固定源废气的监测应用还较少。青岛众瑞采用β射线吸收称重原理与等速跟踪法或恒流采样法相结合，研制了一款监测固定源颗粒物浓度的便携式仪器，该仪器体积小，便于携带安装，同时具有防尘防雨特性。

三、VOCs

固定源 VOCs 的废气排放多来自石油化工工艺过程和储存设备等的排出物及各种使用有机溶剂的场合，如喷漆、印刷、金属除油和脱脂、黏合剂、制药、塑料和橡胶加工等，特别是管道、储油罐等跑、冒、漏产生无组织排放，由于 VOCs 散发出恶臭味道，对环境的影响尤为明显[71]。VOCs 的成分复杂，目前国内对固定污染源排放的 VOCs，主要以监测苯、甲苯和二甲苯和非甲烷总烃为主。VOCs 的目前应用较多的便携式的监测分析仪，如便携式气相色谱仪（GC）、便携式气质联用仪（GC/MS）、便携式傅立叶红外光谱仪（FTIR）、便携式火焰离子检测仪（FID）、便携式光离子检测仪（PID）都能对 VOCs 快速地进行定量、半定量或定性分析，在全国范围内有了较为广泛的应用。

（一）傅立叶红外光谱法（FTIR）

便携式傅立叶红外仪不仅能监测 SO$_2$、NO$_x$ 等无机污染物，还能对部分挥发性有机污染物进行定性、半定量的监测，我国已经发布了便携式傅立叶红外仪测定环境空气和废气中挥发性有机污染物的标准方法。与便携式 GC-MS 相比，便携式傅立叶红外仪操作简单、分析速率快、仪器体积更小、重量更轻[72]。便携式 FTIR 光谱仪厂家主要有德国 Bruker、美国的 Smiths Detection 和 MIDAC、芬兰的 GASMET 等几家公司。

（二）气相色谱-质谱法（GC-MS）

便携式气相色谱-质谱法（GC-MS）是在实验室标准方法监测 VOCs 的气相色谱-质谱法上发展起来的，便携式 GC-MS 具有将气相色谱的高分辨能力和质谱检测器对不同结构分子的定性能力相结合的设备，其灵敏度较高，检出限低，对复杂的气体混合样可以有很好的分离效果，对恶臭有机物的监测具有优势。与实验室方法相比，便携式 GC-MS 能避免样品在保存、运输过程中样品性质发生改变，并且具有快速便捷、准确可靠的特点。便携式 GC-MS 开机预热时间一般不超过 20 min，采样分析时间需要 15 min。便携式 GC-MS 由于快速准确，在我国空气和废气的环境监测中的应用越来越广泛，特别是在应急监测工作中发挥着重要的作用。但是目前便携式 GC-MS 还是以进口仪器为主，仪器价格昂贵，维护和使用成本高，对仪器操作者的要求也较高。VOCs 便携式气相色谱仪厂家主要有聚光科技、美国珀金埃尔默、美国菲利尔、美国英福康等。

（三）火焰离子检测法（FID）

氢火焰离子化检测器法其原理是利用氢化合物与空气燃烧产生的火焰离子测量有机化合物，几乎对有机物均有响应，特别是对烃类化合物的灵敏度高，响应迅速，监测结果稳定可靠，便于定量分析。北京市 2016 年出台了相关标准规范，将便携式氢火焰离子化检测器法作为测定固定源污染物废气中非甲烷总烃的标准方法。但由于便携式氢火焰离子化检测器基本都内置有小型的氢气瓶，出于防爆安全因素考虑，氢火焰离子化检测器法不能直接用于油库、加油站或其他易燃易爆区域的现场监测。代表产品有美国赛默飞的 TVA 系列、美国英福康（INFICON）的 DATAFID 系列，缺点是效率低，需逐点检测；虽有定量结果，但需转换成浓度值，并且需根据经验公式估算出泄漏浓度，存在较大误差。

（四）光离子检测法（PID）

光离子化检测器法是采用光离子电离气体的原理进行气体检测的，检测后离子化的气体又重新复合成为原来的气体，不会"燃烧"或永久性改变检测的气体。光离子化检测器对几乎所有的 VOCs 都有很强的灵敏度，同时还具有价格低、体积小、可连续测量、实时响应等特点[73]，但监测结果易受水分干扰。

专栏 6-1　上海市便携式 VOCs 监测设备应用于现场执法案例

上海市 2014 年发布的《上海市大气污染防治条例》中规定了"产生含挥发性有机物废气的生产经营活动，应当在密闭空间或者设备中进行，设置废气收集和处理系统，并保持其正常使用；造船等无法在密闭空间进行的生产经营活动，应当采取有效措施，减少挥发性有机物排放"。该条款要求企业对能控制的 VOCs 无组织排放做到收集、处理并达标排放。根据这一条规定，上海市执法总队在现场执法时，首先是查看污染防治实施是否规范管理有效运行，其次是查看车间内以及车间外是否有逸散，从而判断企业对 VOCs 是否做到了有效收集。现场取证时主要包括以下几个内容：①从原料、生产工艺、环评报告等方面证明该企业的生产会产生 VOCs 的排放；②该企业是否安装了污染防治设施，是否按照设计规范运行（如风量大小、集气口覆盖的面积等）；③判断车间内和车间外是否有 VOCs 的逸散。执法人员在车间内生产区、非生产区和车间外分别用便携式的 VOCs 检测仪（华瑞 PID）进行现场监测，现场记录监测的最高值，在一段时间内持续的波动范围，并对仪器的监测结果拍照。对车间外无组织监测时在上风向和下风向分别监测，结合上风向和下风向的监测结果判断企业是否存在 VOCs 逸散。根据现场执法的相关证据，对违法企业做出是否有违法无组织排放 VOCs 行为的判断。根据上海市相关规定，对违法排放 VOCs 的行为将处以 20 万元以下的罚款。

（五）紫外光谱法

中国科学院合肥物质科学研究院基于差分吸收光谱的紫外现场分析定量技术研制了一款可监测苯和甲苯、SO_2、NO_x 等多组分污染物的高精度便携式仪器。该仪器具有便携式、小型、可移动等特点，监测污染物种类具有可扩展功能，既可用于有组织排放的监测，也可用于无组织排放的监测，适用于低浓度污染物的检测。

（六）气敏半导体传感器

气敏半导体传感器是利用半导体材料的电特征来检测气体浓度和成分的传感器，便携式恶臭监测仪，俗称"电子鼻"大多是采用了这一技术，根据传感器的配置，所检测的污染物对象有所不同。其检测的结果主要对气味的浓度进行量化，评价气味的等级。但是长时间的工作，基准值易发生漂移，对气体混合物中出现的硫化物呈"中毒"反应，但制作简单，价格低廉。代表产品有德国 AIRSENSE 公司的 PEN3。

（七）红外热像技术

其原理是通过泄漏气体与背景温差和气体对特定红外光谱的吸收探测 VOCs 气体的泄漏，其代表产品有美国 FLIR 的 GF320、以色列 OPGAL 的 EyeCGas。红外热像仪可作为对 FID 仪器不可达位置检测的辅助手段，也可用于对园区或企业进行重大泄漏源的快速排查工作，但是不能定量监测，对低浓度泄漏无法确定。

主要监测设备及其特点如表 6-3 所示。

表 6-3　VOCs 主要便携式监测方法分析比较

分析方法	方法特点	仪器厂商
傅立叶红外光谱法	标准监测方法，体积小，便携，响应时间短，可对无机和有机同时监测，仪器价格昂贵	荷兰 GASMET、美国 Smiths Detection 等

分析方法	方法特点	仪器厂商
气相色谱法	对 VOCs 有较高的灵敏度，对低浓度样品有很好的检出，但仪器价格昂贵，使用成本高，在应急监测中应用较多	聚光科技、美国珀金埃尔默、美国菲利尔、美国英福康等
火焰离子检测法	北京市地标监测方法，灵敏度高，响应迅速，监测结果稳定可靠，便于定量分析，不能直接用于油库、加油站或其他易燃易爆区域的现场监测	美国赛默飞的 TVA 系列、美国英福康的 DATAFID 系列等
光离子检测法	成本低，对低浓度的气体泄漏有优势，但稳定性不足	美国华瑞等
红外热像仪技术	重大泄漏源的快速排查，但是不能定量，对低浓度泄漏无法确定	美国 FLIR 的 GF 320、以色列 OPGAL 的 EyeCGas 等
气敏半导体传感器	成本低，长时间的工作，基准值易发生漂移，对气体混合物中出现的硫化物呈"中毒"反应	德国 AIRSENSE PEN3 等

综上，便携式傅立叶红外监测仪（FTIR）体积小，响应时间短，可对无机物和有机物同时监测，但是检出限较高，易受水分和 CO_2 干扰。便携式气相色谱仪（GC）使用的监测方法是标准实验室分析方法，但只能定性分析；便携式气质联用仪（GC/MS）可直接进行检测分析，但仪器价格昂贵，使用成本高；便携式 FID/PID 具有检测速度十分快的优点，但只能测出总 VOCs 的浓度。

四、重金属

随着我国经济的发展，铜、铅、锌这些重金属材料的生产和消费也随之增长，其带来的污染问题也不容忽视。目前，对于固定源废气中的重金属，主要采取的分析方法有电感耦合等离子体质谱法（HJ 657—2013）和电感耦合等离子发射光谱法（HJ 677—2015），这两种方法都要对样品消解处理后，再通过电感耦合等离子体质谱仪分析。2017 年，国家发布了《环境空气　颗粒物中无机元素的测定　波长色散 X 射线荧光光谱法》（HJ 830—2017）和《环境空气　颗粒物中无机元素的测定　能量色散 X 射线荧光光谱法》（HJ 829—2017），于 2017 年 7 月 1 日起开始实施，该方法无须样品预处理，分析速度快，因此在国外被广泛应用于便携式分析仪器，代表产品有美国伊诺斯（Innov-XSystem）的手持式 XRF 重金属分析仪、美国赛默飞（Thermal）便携式环境金属元素 X 射线荧光光谱仪、美国尼通 NITONXLt898 便携式 XRF 分析仪等，可以分析监测 Cd、Pb、As、Hg、Au、Zn、Cu、Ni、Fe、Mn 等几十种重金属。中国轻工业清洁生产中心研发了一款基于 X 射线荧光光谱分析法的监测固定源中烟气铅及其化合物的便携式快速检测仪器。该仪器可以快速检测烟气铅，一般单个样品的采样和检测时间约为 1 h，仪器重量在 20 kg 以内。

第四节　车载遥测技术

车载遥测技术，是将监测系统装载于车上，围绕某一区域周围测量，结合气象仪器提供的风速、风向信息，GPS 系统提供测量点的经纬度位置信息，通过计算就可以监测出该区域的有害气体排放通量，通常有闭合路径监测模式和下风口监测模式两种[76]。

车载 FTIR 系统。2010 年程巳阳等利用自主研发的车载 FTIR 系统对上海市化工厂区排放的乙烯进行了监测，得到了该工业区乙烯排放的柱浓度分度情况[77]。

车载 DOAS 系统。车载 DOAS 技术广泛用于紫外和可见波段范围，监测标准污染物 O_3、NO_x、SO_2 和苯等，测量的种类为对应于该波段的窄吸收光谱线的气体成分，并对大气中自由基 NO_3 和 HONO 的测量十分有效。2008 年，李昂等利用车载被动差分吸收光谱遥测技术对奥运期间北京市某大型钢铁厂所在区域内的 SO_2 和 NO_2 排放通量进行了测量。中国科学院合肥物质科学研究院利用车载被动 DOAS 系统，开展固定源大气污染物排放车载 DOAS 遥测技术方法和标准规范的研究，为执法监管提供经济、快速、便捷的技术手段。

车载激光雷达。激光雷达技术已经广泛用于大气立体观测上，水平方向的探测距离可达 5 km，垂直方向探测距离可达到 2～3 km，可以实现垂直探测、水平扫描探测、走航探测、组网探测等多种应用。EV-LIDAR 等 3D 可视型激光雷达多用于城市灰霾预警和污染物溯源。走航系统 AML-3 监测的污染物扩展到 SO_2、NO_2 和 O_3，实时追踪污染分布，判断局地污染物来源。激光雷达技术因为具有高空间分辨率、高测量精度等优点，可用于污染物浓度立体分布和输送通量测量，应用于颗粒态污染源的排查已经较为成熟。

第五节　热点网格

热点网格技术利用基于认知的遥感图像识别技术和多源数据融合，按照污染物浓度排序识别出需要重点监管的网格。数据来源主要是遥感数据和地面网格监测数据，后者包括空气质量监测网格、企业/园区监测网格、机动车尾气监测网格、扬尘监测网格、其他无组织排放监测网格等数据。河北省出台了《大气污染防治网格化监测点位布设》（DB13/T 2545—2017）等 3 个地方标准，在大气网格化监测上走在全国前列。

专栏6-2　热点网格在大气污染强化督查行动中应用案例

近几年，生态环境部启动"千里眼计划"，并在大气污染强化督查行动中进行了很好的应用。将京津冀及周边地区"2+26"城市全行政区域划分为 3 km×3 km 的网格，共计 3.6 万余个。利用卫星遥感技术，综合选取 $PM_{2.5}$ 年均浓度相对较高的 3 600 个网格，作为大气污染热点网格。在涉气污染源相对集中的热点网格内按 500 m×500 m 加密布设地面监测微站，实时监控污染变化。实时将识别选出 $PM_{2.5}$ 浓度异常的区域相关信息推送给强化督查执法人员，指导开展监督执法。

第六节　无人机遥测技术

利用无人机进行环境监察，环境监察人员可不受时间、空间与地形等条件制约，迅速锁定污染问题发生地，有效获取证据，为查处环境污染行为奠定基础。无人机航空影像能够提取具备客观、真实、准确的监察执法信息，记录污染物排放状态与特征，可辅助现场监察执法。

机载可见光载荷。利用无人机搭载可见光载荷，对监察地区环境污染问题进行航拍取证，是目前使用频率较多的无人机环境监察手段，天津、武汉、广州、郑州等多地都将无人机作为环境监察手段。通过搭载高分辨率单反相机等可见光载荷，无人机可及时对违法排放行为取证，有效辅助污染源地面监察执法工作。

机载环境监测传感器。随着环境监测仪器设备的不断发展，适合于无人机的各类小型轻型化的监测仪器也不断涌现。如红外热成像仪、差分吸收光谱探测系统、激光雷达以及小型的复合气体监测仪器。红外热成像仪是依据环保设施开启/关闭存在温度差异的原理，可采用热红外遥感技术监测环保设施运行状态，若环保设施温度高于周边环境，则表明环保设施已开启，若环保设施温度低于周边环境，则证明环保设施已关闭。基于机载红外光谱的环保设施温度监测，可有效监察环保设施运行状况，间接反映企业排污情况，为现场监察执法提供有效依据。2009 年，中科院安徽光学精密机械研究所利用大气物理研究所研制的无人机平台，搭载自主研发的大气污染差分吸收光谱探测系统，成功获取大气污染成分 NO_2 等的二维时空分布。2014 年杨海军等利用无人机搭载摄像机、高分辨光学相机和复合气体检测仪（iBRDMx6）对山东齐鲁化学工业园 CO、NO 和 SO_2 三种气体进行了监测。

第七节　卫星遥测技术

卫星遥测技术具有全球覆盖、快速、大信息量的特点，2009 年开始，环境保护部利用环境卫星、MODIS 等卫星数据，开展秸秆焚烧遥感监测，为环境监察工作提供有效技术手段。同时，利用环境一号 A、B 卫星数据以及其他卫星数据，对太湖、巢湖、滇池及三峡库区的蓝藻水华进行连续监测。中科院安徽光学精密机械研究所研发了覆盖 240～710 nm、视场角 114°

的大气痕量气体差分吸收光谱仪载荷,紫外-可见波段的覆盖使对 SO_2、NO_2、O_3、BrO、$HCHO$、$HONO$ 和气溶胶等多种成分的监测成为可能，目前该载荷正在研制中。

　　附表给出了固定源大气污染物排放执法监测主要技术的比较分析。

第七章 处罚手段体系

生态环境执法监管处罚是依法对违反行政法规尚未构成犯罪的相对人给予行政制裁，保障生态环境执法监管的有效实施。《大气污染防治法》（2018年）中，针对大气固定源企业的相关违法行为的行政处罚方式做了具体的规定，主要包括责令改正和行政处罚两大类。《环境行政处罚办法》（2010年）是针对环境保护领域行政处罚的专门立法，对环境保护行政处罚的种类、处罚依据、处罚原则等做出了规定，并具体规定了行政处罚实施主体和管辖、行政处罚程序、行政处罚执行等内容。

第一节 责令改正

根据《环境行政处罚办法》（2010年）规定，环境保护主管部门实施行政处罚时，应当及时做出责令当事人改正或者限期改正违法行为的行政命令。根据最高人民法院关于行政行为种类和规范行政案件案由的规定，行政命令不属行政处罚，不适用行政处罚的规定。责令改正的行政命令包括责令停止建设、责令停止试生产、责令停止生产或者使用、责令限期建设配套设施、责令重新安装使用、责令限期拆除、责令停止违法行为、责令限期治理等形式，其目的是制止环境违法行为，督促其回归合法状态，不具有惩罚性。

根据《环境保护法》（2015年）、《大气污染防治法》（2018年）、《环境影响评价法》（2016年）等，对大气固定源监管过程中责令改正行政命令的适用范围见表7-1。

表 7-1　责令改正法律适用范围

违法行为	行政命令
违法违规排放大气	责令改正
未按规定自行监测、设置排放口	
损毁或擅自改动自动监测设备	
未采取污染防治措施	
不正常运行污染防治设施	
逃避监管违法排放污染物	
拒不接受监督检查	
未通过环评批准，擅自开工建设	责令停止建设
环保设施超时未竣工验收	责令限期办理，逾期，责令停止试生产
环保设施未通过验收即投入生产	责令停止生产或者使用

第二节　行政处罚

2014 年 4 月 24 日，十二届全国人大常委会第八次会议审议通过了 1989 年《环境保护法》修订案，新《环境保护法》于 2015 年 1 月 1 日起开始实施。新《环境保护法》设立了极为严厉的环境管制措施和处罚措施，被认为是史上最严的环保法，对大气固定源污染物监管执法制度、机制、措施等方面也做出了诸多创新。为配合新《环境保护法》的实施，生态环境部就按日连续处罚、查封扣押、限产停产、企业环境信息公开制定了 4 个配套办法，自 2015 年 1 月 1 日起，《环境保护法》和 4 个配套办法正式生效实施。根据《环境保护法》（2015 年）和各单行法中关于行政处罚的规定，对大气固定源违法行为的行政处罚措施主要有：罚款；限制生产、停产整顿；责令停产、停业、关闭；查封、扣押；行政拘留等。

罚款。根据《环境保护法》（2015 年）、《大气污染防治法》（2018 年）、《环境影响评价法》（2016 年）等法律法规，适用于罚款处罚的固定源大气污染物排放过程中的违法行为见表 7-2。

表 7-2　罚款处罚适用范围

违法行为	处罚措施
未取得排放许可、超标、超总量或者逃避监管违法排放大气	10 万元以上 100 万元以下的罚款
未按规定自行监测、设置排放口；损毁或擅自改动自动监测设备	2 万元以上 20 万元以下的罚款
对扬尘、有机污染物及恶臭未采取污染防治措施	1 万元以上 10 万元以下的罚款
高含量的粉尘、有机污染物未采取污染防治措施	2 万元以上 20 万元以下的罚款
拒不接受配合监督检查	2 万元以上 20 万元以下的罚款
未通过环评批准，擅自开工建设	处建设项目总投资额 1%以上 5%以下的罚款
	5 万元以下的罚款（环评表）
环保设施未同时试运行或超时未竣工验收	5 万元以下的罚款
环保设施未通过验收即投入生产	10 万元以下的罚款

按日连续处罚。《环境保护法》（2015 年）第 59 条规定，由于违法排放污染物，受到罚款处罚，被责令改正，拒不改正的，依法做出处罚决定的行政机关可以自责令改正之日的次日起，按照原处罚数额按日连续处罚，同时配套出台了《环境保护主管部门实施按日连续处罚办法》（2015 年），规定了按日连续处罚实施细则。

《大气污染防治法》（2018 年）规定了对罚款处罚拒不改正 4 种违法行为，将按照原处罚数额按日连续处罚：①未依法取得排污许可证排放大气污染物的；②超过大气污染物排放标准或者超过重点大气污染物排放总量控制指标排放大气污染物的；③通过逃避监管的方式排放大气污染物的；④建筑施工或者贮存易产生扬尘的物料未采取有效措施防治扬尘污染的。

限制生产、停产整顿。限制生产和停产整顿主要是县级以上的生态环境部门对超标或者超总量排放污染物的行为做出的处罚措施，根据违法行为的严重程度，采取限制生产或停产整顿的措施。根据《环境保护法》（2015年）、《大气污染防治法》（2018 年）、《环境保护主管部门实施限制生产、停产整治办法》（2015 年）等法律法规的规定，对于一般的超标或超总量排放行为，环境保护主管部门主要采取限制生产措施；对于逃避监管、排放严重危害环境污染物、超年度总量排污、限制生产拒不改正、突发事件造成超标、超总量排放等行为采取停产整治措施。具体适用范围见表 7-3。

表 7-3　限制生产、停产整顿处罚适用范围

违法行为	处罚措施
超标或者超过重点污染物日总量	限制生产
逃避监管的方式排放污染物，超标排放	停产整顿
非法排放重金属、有机物等超标三倍以上	
重点污染物超过年总量	
限制生产后仍超标排放	
突发事件造成超标超量排放	
未按规定自行监测、设置排放口；损毁或擅自改动自动监测设备	
高含量的粉尘、有机污染物未采取污染防治措施	
对扬尘、有机污染物及恶臭未采取污染防治措施	

责令停业、关闭。责令停业、关闭是对限制生产和停产整顿不能有效防止超标或者超总量排放污染物的行为做出的更为严厉的处罚措施，由环境保护主管部门报经有批准权的人民政府做出处罚决定。主要包括以下 4 种情形：①两年内因排放含重金属、持久性有机污染物等有毒物质超过污染物排放标准受过两次以上行政处罚，又实施前列行为的；②被责令停产整治后拒不停产或者擅自恢复生产的；③停产整治决定解除后，跟踪检查发现又实施同一违法行为的；④法律法规规定的其他严重环境违法情节的。

查封、扣押。《环境保护法》（2015 年）第 25 条赋予了生态环境部门对造成或可能造成严重污染等违法行为查封、扣押的行政强制措施的权力，以及时制止环境违法行为，防止污染状态的蔓延与扩大。环境保护部同时发布了《环境保护主管部门实施查封、扣押办法》（2015 年），全面规定了实施查封、扣押办法程序，并界定了环境保护主管部门实施查封、扣押的适用情形，具体有以下几点：①违法排放、倾倒或者处置含传染病病原体的废物、危险废物、含重金属污染物或者持久性有机污染物等有毒物质或

者其他有害物质的；②在饮用水水源一级保护区、自然保护区核心区违反法律法规规定排放、倾倒、处置污染物的；③违反法律法规规定排放、倾倒化工、制药、石化、印染、电镀、造纸、制革等工业污泥的；④通过暗管、渗井、渗坑、灌注排污或者篡改、伪造监测数据，或者不正常运行防治污染设施等逃避监管的方式违反法律法规规定排放污染物的；⑤较大、重大和特别重大突发环境事件发生后，未按照要求执行停产、停排措施，继续违反法律法规规定排放污染物的；⑥法律、法规规定的其他造成或者可能造成严重污染的违法排污行为。有上述第一项、第二项、第三项、第六项情形之一的，环境保护主管部门可以实施查封、扣押；已造成严重污染或者有前款第四项、第五项情形之一的，环境保护主管部门应当实施查封、扣押。

行政拘留。环境行政拘留是指环境行政主体依法对违反环境行政法律规范的自然人所做出的限制人身自由行政处罚。《环境保护法》（2015 年）首次将环境行政拘留这一处罚措施做出了法律规定。对①建设项目未依法进行环境影响评价，被责令停止建设，拒不执行的；②违反法律规定，未取得排污许可证排放污染物，被责令停止排污，拒不执行的；③通过暗管、渗井、渗坑、灌注排污或者篡改、伪造监测数据，或者不正常运行防治污染设施等逃避监管的方式违法排放污染物的；④生产、使用国家明令禁止生产、使用的农药，被责令改正，拒不改正的这些行为，尚不构成犯罪的除依法处罚外，由环境主管部门将案件移送至公安机关，对主要负责人员处十日以上十五日以下拘留；情节较轻的，处五日以上十日以下拘留。

第八章 我国（大陆地区）大气固定源现场执法

我国生态环境执法是对监管对象的事中、事后监管，目前生态环境执法部门普遍存在"任务重、人员少"的状况，除了日常执法任务还包括各项专项行动，督查检查等执法任务。日常执法任务主要采用"双随机、一公开"制度，随机抽取检查对象，随机选派执法人员，同时公开抽查事项、程序和结果。2017 年，全国日常环境执法中采取"双随机、一公开"方式开展执法检查达 63.26 万家次，随机抽查发现并查处环境违法问题 3.79 万个。

第一节 大气固定源现场执法的内容和类型

一、我国大气固定源现场执法的内容

根据《环境监察办法》的相关规定，环境监察机构的主要工作内容有污染源监察、建设项目检查、排污申报登记、排污费征收、行政处罚、环境应急、生态和农村环境监察等。其中，针对大气固定源现场执法的主要工作内容有：①监督大气固定源环境保护法律、法规、规章和其他规范性文件的执行情况；②现场监督检查大气固定源的污染物排放情况、污染防治设施运行情况、环境保护行政许可执行情况、建设项目环境保护法律法规的执行情况等；③现场监督检查大气固定源环境违法行为；④对适用《环境行政处罚办法》简易程序的违法行为做出当场处罚。

二、我国大气固定源现场监管的类型

（一）常规业务化检查

生态环境执法部门每年根据辖区内的污染源数量、类型、规模等情况制订工作计划，确定污染源监察的频次，重点污染源监察每月不少于一次；一般污染源每季度不少于一次。

（二）环境保护专项检查

根据环境保护管理工作的需求，针对污染重排放量大的污染行业采取重点检查。通常包括行业专项检查、季节性检查以及重污染天气预警检查。如天津市 2016 年开展了针对钢铁、燃煤锅炉、火电、石化、垃圾焚烧厂、污水处理厂等排污大户行业的行业专项检查共 23 项。季节性检查主要是根据大气污染防治工作环境管理的重点，根据不同大气污染物的污染特征开展重点专项检查，春季重点检查 NO_x 污染较重的垃圾焚烧厂和钢铁行业；夏季重点检查以排放 VOCs 为主的石油化工、喷涂等行业；秋、冬季重点检查燃煤锅炉的污染排放。重污染天气预警检查，主要是对企业的停限产减排情况进行重点检查。

（三）联合执法检查

环境保护是环境执法的综合管理部门，《环境保护法》中赋予了环境部门对环境统一监督管理的职能，但由于环保部门不具有强制执法职能，需要联合公安、交通、城管等执法机构联合行动。目前，全国多地都成立了环保警察队伍。

（四）大气污染防治强化督查

2017 年 4 月，生态环境部从全国环保系统抽调 5 600 名一线环境执法人员，对京津冀地区大气污染传输通道上"2+26"城市，开展大气污染防治强化督查，这是生态环境部有史以来直接组织的最大规模执法行动。大气污染防治强化督查启动后，京津冀及周边地区的环境空气质量恶化趋势得到全面扭转，大气污染防治强化督查成为常态化的执法机制，各省（区、市）也纷纷开展辖区内的督查执法行动。

（五）不定期执法检查

对"12369"等群众举报案件、突发性环境污染事件的临时性、突击的执法检查。2017年，全国"12369"管理平台共接到举报 618 856 件，平均受理时间为 3 天，平均办结时间为 24 天，按期办结率达到 99.8%。

第二节　大气固定源现场执法任务分配

一、"双随机"抽查制度

我国对固定源的日常环境监察工作采取随机抽取环境监察对象和随机选派执法检查人员随机抽查的"双随机"制度。2015 年 8 月国务院发布了《国务院办公厅关于推广随机抽查规范事中事后监管的通知》（国办发〔2015〕58 号）要求建立"双随机"抽查机制，严格限制监管部门自由裁量权，规范行政执法部门在事中事后的监管。2015 年 10 月环境保护部发布了《关于在污染源日常环境监管领域推广随机抽查制度的实施方案》，规定了由市、县两级负责本行政区内的固定源日常监管随机抽查工作，并将随机抽查作为选取日常监督检查对象的主要方式。根据本行政区环境监察人员数量、行政区面积、污染源数量、污染源环境守法状态、环境质量和群众投诉情况，确定抽查比例，采用摇号等方式确定被抽查单位名单。每年 12 月底前，按照确定的抽查比例，确定下一年度被抽查单位数量，纳入本级《环境监察年度工作计划》，报上级生态环境部门备案；并于每季度结束前 5 个工作日内，采用摇号等方式确定下一季度被抽查单位名单。

对于固定源的抽查比例规定：①对于重点排污单位，应保证每年对辖区所有重点固定源进行一遍巡查，市级每季度至少对本行政区 5%的重点固定源进行抽查，县级每季度至少对本行政区 25%的重点固定源进行抽查。②对于一般固定源，根据在编在岗的环境监察人员数量和被抽查单位数量的比例确定抽查的数量，其中，市级至少按照 1∶5 的比例确定年度被抽查单位数量，县级至少按照 1∶10 的比例确定年度被抽查单位数量。③对存在环境违法问题和环境管理问题的固定源，适度提高抽查比例。

二、协同联动工作机制

（一）环境监测监察协同

对违法排放污染物的违法行为认定，需要通过采样、监测的方式调查取证，根据环境监测部门出具的加盖有监测机构的国家计量认证标志（CMA）和监测字号的监测报告进行处罚。现场调查取证的人员必须持有采样证和环境监测上岗证。我国环境执法机构人员极少部分持有水质分析采样证，对大气污染物的采样和监测基本都不持证，在开展监督检查时不能当场认定污染物的违法排放，而违法排污行为又具有瞬时性和不可逆性，因此需要通过环境监测认定违法排放污染物的调查取证，由环境监察人员和环境监测人员协同开展。目前，全国各地区基本都建立起了环境监察与环境监测协同调查取证机制。根据对国内环境执法机构和环境监测机构的调研情况来看，环境监测监察部门在联动中存在以下问题：①由于对企业现场监察采取"双随机"机制，监察机构在临近出发前才能获取调查企业的名单，监测部门要根据企业排污类型安排监测人员和准备采样监测设备，由于准备时间不充分，经常会导致监测人员和监测设备不能完全满足现场调查取证的要求，特别是一些秘密监察任务，监测人员由于无法获取企业信息，监测人员和监测设备的准备更是无所适从。②监测和监察部门的联动更多的情况是，监察人员在现场监察时，发现需要通过环境监测认定违法排放行为，才会立即通知环境监测人员到达现场开展监测取证，往往因此错过了取证时机。

（二）生态环境部门和司法机关联动

由于我国环境执法制度的缺陷，环境监察执法部门只具有行政执法权力而不具有刑事执法权力。环境执法部门在法律范围内的执法手段和措施十分有限，因而在环境监察执法时威慑力也不足，经常会出现"进门难"的尴尬局面。2008 年云南省昆明市构建了环境保护执法联动机制，在全国首创了环保警察队伍。近年来，全国大部分省（区、市）相继成立了环保警察队伍。环保警察的设立，在当前环境监察执法形势严峻的现实面前，对于严厉打击环境违法犯罪，有效遏制环境恶化风险，增加环境监察执法的威慑力起到了重大的作用。但是各地设置环保警察的模式不一，各种模式在工作实践中也遇到一些不可避免的问题，例如，行政执法与刑事处罚衔接不畅、环保警察的出警不及时等，在一些地区设立环保警察的同时，一些地区撤销了环保警察。

第三节　大气固定源现场执法流程

现场执法的流程如图 8-1 所示。

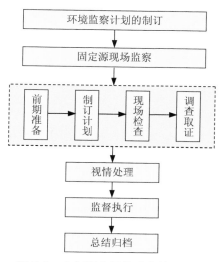

图 8-1　大气固定源执法监管流程

一、年度计划的制订

固定源的现场执法监管工作按照环境监察的年度工作计划来组织实施。环境执法机构根据管辖区域内的环境保护工作任务、污染源数量、类型、管理权限等，制订环境监察工作年度计划，环境监察工作年度计划需报同级环境保护主管部门批准后实施，并抄送上一级环境执法机构。

二、现场调查程序

（一）前期准备

主要是收集相关法律法规、辖区内同类企业的基本信息、拟检查企业的环评审批文件、"三同时"验收报告、排污申报登记表、排污收费核定及缴纳书，以及现场检查记录、环境违法问题处理历史记录等基本环境管理信息。根据执法任务，准备调查取证装备、交通设备、安全防护装备。

（二）制订计划

根据收集的基础资料和数据，因地制宜，制订监察计划，确定监察重点、步骤、路线等。需其他部门配合实施联合监察的，联系有关部门召开联席会议，明确各部门具体工作任务。

（三）现场检查

现场监察执法人员不得少于两人并出示环境监察执法证，按照"双随机"制度，随机选派执法检查人员。按制定的监察方案进行现场检查，查看企业的物耗和能耗相关报表以及生产销售台账、污染治理设施运行台账、企业自行监测记录等相关资料；检查环境影响评价、"三同时"及环保验收的执行情况；检查污染防治设施运行处理及污染物排放情况，污染物排放口规范化整治情况，自动监控设施建设、运行、联网、验收、比对监测及定期校验情况，应急设施建设及运行情况，应急预案的编制及演练情况，危险废物贮存及转移联单的执行情况；并做好现场检查记录。

（四）调查取证

发现有环境违法行为的，应当制止，并根据《环境行政处罚办法》，对违法事实、违法情节和危害后果等进行全面、客观、及时的调查，依法收集与案件有关的证据。收集证据时应当通知当事人到场。但在当事人拒不到场、无法找到当事人、暗查等情形下，当事人未到场不影响调查取证的进行。执法人员可以采取录音、拍照、录像等方式记录现场情况，并制作现场检查（勘察）笔录。现场检查（勘察）笔录由当事人签名，当事人拒绝签名、盖章或者不能签名、盖章的，应当注明情况，并由两名执法人员签名。有其他人在现场的，可请其他人签名。在调查取证时，如需对固定源排放的污染物监测，则通知环境监测部门人员进行采样分析。

三、视情处理

检查中发现环境违法行为，依据相关法律、法规，按照《中华人民共和国行政处罚法》《环境行政处罚办法》规定的程序，视情进行现场处理或提出处理处罚建议。环境保护行政主管部门或其环境执法机构根据法定职责，提出处理处罚意见。不属于本机关管辖的案件，应当移送有管辖权的环境保护行政主管部门处理。不属于环境保护行政主管部门管辖的案件，应当按照有关要求和时限移送有管辖权的机关处理。

四、监督执行

对处理决定按规定期限进行复查或督查后，检查企业对处理决定的落实情况，确保违法行为得到纠正。

五、总结归档

编写总结报告，对查处过程中的相关资料、文字材料及音像资料，及时分类归档。

固定源现场监管执法方式主要包括建设项目环评审批文件、"三同时"验收报告、排污申报登记表、排污收费核定及缴纳书等情况，检查物耗和能耗相关报表、生产销售台账以及自行监测情况等资料检查；对企业生产车间、生产设施、污染源防治设施的安装运行情况、环境违法行为等现场检查；根据收集的资料对污染排放情况进行现场测算以及对企业内部人员和周边居民的现场访谈等方式。

第四节　大气固定源现场执法的技术装备

为了加强环境监察队伍的执法装备的配置，2006 年我国实施了《全国环境监察标准化建设标准》，并于 2011 年进行了修订。按照 2011 年《全国环境监察标准化建设标准》的相关要求，环境执法部门配备了用于执法的车辆以及车载 GPS 卫星定位仪，根据工作需要可以配置车载通讯设备、车载办公设备、车载样品保存设备等，一些地区还配备了无人机装备。对大气固定源进行现场检查取证设备的标准配置包括：①摄像机、照相机、录音设备、影像设备、勤务随录机等音视频设备；②手持 GPS 定位仪、测距仪、流量计、酸度计等辅助执法判定设备；③采样设备。根据工作的需要可以选配：a. 烟气污染物快速测定仪、烟气黑度仪、粉尘快速测定仪等快速检查仪器；b. 防护服、防毒面具、救生衣、防酸长筒靴、耐酸手套等个人防护设备。

2011 年的《全国环境监察标准化建设标准》首次提出了将环境移动执法系统作为环境监察执法的标准配置，包括环境执法系统、移动执法工具箱以及手持 PDA。移动执法工具中大部分配备的是便携式的电脑和打印机。截至 2016 年年底，除西藏和海南，全国省级环境监察均配置了监察移动执法系统，其中，江苏、浙江、山东、内蒙古、湖北、湖南、重庆、陕西等省（区、市）辖区内所有的环境执法机构均配备了便携式手持移动执法终端。2015 年环境保护部印发了《环境监察移动执法系统管理规定》，提出要提高环境监察移动执法系统的覆盖率，到 2017 年年底前，80%以上的环境执法机构要配备使用环境监察移动执法系统。

中共中央办公厅、国务院办公厅 2018 年印发的《关于深化生态环境保护综合行政执法改革的指导意见》提出要大力推进非现场执法，加强智能监控和大数据监控，依托互联网、云计算、大数据等技术，充分运用移动执法、自动监控、卫星遥感、无人机等科技监侦手段，实时监控、实时留痕，提升监控预警能力和科学办案水平。

我国各地区环境执法机构的技术装备配置状况差异较大，目前，全国环境执法机构基本都配置了摄像机、照相机、录音设备、影像设备等音视频设备，部分地区的环境执法机构配置了便携式的监测仪器和无人机装备，基层执法的硬件及软件设施总体有所提升，但仍难以满足高效执法、精准监管的要求。大部分的基层执法工作还处于与现代科学技术手段相分离状态，执法人员想要快速地定位违法排放的固定源，犹如大海捞针，费时费力效率还低。而大部分地区还存在公车改革时因为不在执法序列，执法车辆没有保留的情况。随着《指导意见》的出台，将全面推进基层执法队伍标准化建设，实现装备现代化，促进执法能力与执法任务相适应。

第九章 大气固定源执法监管体系的
国际比较和国内需求

发达国家和地区的大气固定源执法监管体系较为成熟，固定源企业通过守法监测自证清白，具有高度的守法自觉性；在监管组织体系建设中，发达国家和地区更加注重和第三方机构的合作；执法实施过程中，更加注重对执法人员的业务培训，在检测技术上，在传统的实验室分析基础上，更加注重现场便携式仪器的研发和使用，这些案例和经验对我国大气污染现场执法监管体系构建具有重要的启示和借鉴作用。

第一节 大气固定源执法监管体系差异性

一、执法体制机制的差异

从固定源的监管体系来看，美国、英国都已经形成了较为完善的大气固定源执法监管体系，其境内实行各行政区分区管理，主要是通过排污许可证对企业大气污染排放实施全过程监管，同时通过企业守法监测、自行监测报告等方式来协同管理，企业为了自证清白积极主动地开展守法监测并提交自行监测报告，通过评估报告的审核以及政府的检查来确定企业的排污行为是否合法。由于审查的角度以及管理体制不尽相同，美国、英国的大部分大气固定源排放企业具有较高的守法自觉性，尤其是通过许可证和企业评估报告梳理出的高污染高风险排污企业，像此类企业具有很高的守法自觉性。

国务院办公厅《关于印发控制污染物排放许可制实施方案的通知》提出了新监管原则，即"环境保护部负责全国排污许可制度的统一监督管理，制定相关政策、标准、规范，指导地方实施排污许可制度""省、自治区、直辖市环境保护主管部门负责本行政区域排污许可制度的组织实施和监督"。但目前我国排污许可监管体系还刚刚起步，以排污许可证为主的执法体系尚未形成。企业对于自行监测、自行报告的重要性的认识还不够，出于自身利益的考虑，通常不愿为环境保护投入较多的人力物力成本，企业自行监测存在执行率低、监测不规范、监测指标覆盖不全等问题。企业的违法举证主体还是以环境监管部门为主，因此环境监管部门的监管任务、压力都比较大，特别是最近几年投入了大量人力、物力开展的污染源的核查、督查、巡查等环境监管任务。

二、企业守法援助的差异

在美国、英国等国家对企业提供守法援助已经成为生态环境部门的法定职责和管理手段之一，有高达 75%的检查人员（美国数据）在现场检查时为企业提供了守法援助，包括对法律法规的解释、技术指南和预指导等文件信息、相关政府和非政府机构的援助信息、设施的工艺和保修信息、小企业信息表、污染防治的相关技术及实践、目测可见对象的守法问题、EPA 审计政策和小企业自检政策、简易技术及污染减排资料的出版建议、EPA 开发和认证的污染控制措施、解释法规或指南中有关样品采集的要求以及州对管控设备的要求等。如美国 1998 年成立了以网络为基础的囊括 16 个部门的"守法援助中心"，解释法律要求和提供解决方案，成效显著，有91%的受援者声称改善了环境管理实践，50%的人宣布减少了污染。

而我国在此方面还相当薄弱，守法援助没有被纳入环境监管部门的法定职责之列，没有专门机构和相应机制，法律规定几乎缺失。我国生态环境部门虽然普遍设立宣教机构，但其职能还停留于一般性的环保宣传，以普通公众为主要对象，以国家政策、环境常识和环境基本理论为主要内容，对于企业如何守法，涉及不多、专业性不强，更没有对企业进行具体指导的机制。

三、固定源现场执法的差异

从固定源现场执法的角度来看，中美双方对于现场执法人员的来源、素质、职权等，都有严格并且详细的规定。在上岗之前，对于执法人员都需要进行培训，包括相关的法律法规、检查人员的职责和权利、安全使用现场设备、个人防护设备的穿戴和使用、安全采样技术等相关内容。并且在执法的过程中，执法人员都需要持证上岗，在现场的活动包括与各类人员面谈、宣布检查目的、采集样品、审查各项记录、审查工艺及控制设备、撰写检查报告等。

而我国的现场执法人员的专业素质偏低，其中拥有环保专业背景的仅占 20%，也面临着工作压力大、人员匮乏等困境。与此形成鲜明对比的是美国，美国的现场执法人员来源广泛，既有 EPA 的工作人员，又有承包商和有联邦执法监察证的州和部落检查人员。

从整个执法流程来看，美、英两国的生态环境部门都很重视设施是否遵守环境法规和要求。从刚开始的挑选受检企业和设施，到检查活动前期收集相关信息和确定检查计划，从检查过程中的调查取证和监督执行，到检查结束后的检查报告和跟进活动，两国的执法流程有很多相似之处。但是，在前期挑选受检企业和设施的时候，我国对固定源的日常环境监察工作采取随机抽取环境监察对象和随机选派执法检查人员的"双随机"抽查制度，保证了一定程度上的公平和抽样的代表性；而美国在挑选风险管理计划受检设施时，是根据该设施发生意外史、受控物质数量及是否存在特点物质、是否靠近大型居民社区或生态环境脆弱区、是否有危害性、是否有中立的监督计划等原则来筛选。

我国在现场执法过程中也加大了生态环境部门与司法部门的联动程度，从 2008 年云南省昆明市首创环保警察队伍开始，全国大部分省（区、市）相继成立了环保警察队伍。环保警察的设立，在当前环境监察执法形势严峻的现实面前，对于严厉打击环境违法犯罪，有效遏制环境恶化风险，增加环境监察执法的威慑力起到了重大的作用。而在美国，EPA 守法监测计划不仅包括守法调查，还包括民事调查和刑事调查，表现了其守法监测计划的完备性以及 EPA 权利的综合性。

四、固定源守法监管技术方法的差异

在固定源守法监管技术方法方面，我国和美、英两国都利用先进的技术和设备，一方面可以对污染物浓度进行测量，例如光学成像技术、红外质谱技术等都为固定源守法监管提供了巨大的帮助；另一方面，也保证了用户可以实时获取污染物浓度的数据，方便了监管人员及时做出是否违法的选择，缩短了执法时间，提高了固定源守法监管的质量。

但是，目前我国的环境监管技术与方法绝大多数都是来源于国外，国产设备在相关领域的优势不大。而且这些设备更适合专业人员去操作，这就降低了公众参与固定源守法监管的可能性。而在美国，一些小型移动传感器被公众广泛使用。虽然联邦至今还没有针对这些设备的使用进行立法，但是却在一定程度上方便了公众对自己社区周围的空气污染进行监管，降低了固定源守法监管门槛的同时，也让公众参与到环境治理当中。

五、处罚手段的差异

根据相关的法律法规，在执法过程中，针对违法企业的不同情况和违法后果，中国和美、英等国的相关主体依法定职权和程序对违法主体选用适用的执法手段。包括违法通知、行政制裁、违规处罚等都是两国在处罚违法企业过程中经常使用的行政处罚行为。

但是，相比较于中国，美国在违法处罚过程中的一个鲜明特点是，除了行政处罚行为，还有比较详尽的民事诉讼和刑事诉讼规定。尽管《清洁空气法》规定民事执行诉讼主要应当由州政府机关提起，但是 EPA 仍旧保留有相应的诉讼权利。同时，EPA 和司法部也可以向法院提起针对违法企业的刑事诉讼。

六、公众参与的差异

在美、英等国，民间环保组织和社会团体是环境监管的重要力量，公众的环境公益诉讼已经成为环境执法监管的有效补充。英国政府由于20世纪一系列毒雾事件，已深刻认识到环境问题自身的广泛性和社会性，因此在解决环境问题上必须依靠政府与社会公众共同参与。英国政府鼓励非政府组织、其他民间社团以及普通公民积极参与境内环境状况监督，也鼓励个人和组织对政府进行监督，这些措施强化了对企业污染行为的监管力度，使污染企业时刻处在群众的监督之中，较大地降低了政府管理成本，提高了环境管理效率。而近年来我国也加强了公民监督措施，政府开通环境污染举报专线，但管理部门还需进一步扩大环境信息公开领域，这不仅有利于企业排放更好地接受公众监督，同时也将培养公众环境意识。

第二节　发达国家的启示及需求

通过对发达国家及地区大气污染源现场执法监管体系的分析得到如下启示：

在法律法规体系方面，为全面落实我国以排污许可证制度为核心实施固定源环境监管的体系，增强环境监管效益，借鉴美国等的排污许可证管理机制，亟须建立以排污许可证为执法基础，将执法监测、违法识别、评估督查一体化的、有中国特色的固定源大气污染物排放执法监管体系，在此基础上建立一套适用现场执法监管的技术规范。

在组织实施上，由排污许可制度而开始实施的企业自行监测及报告制度也为固定源大气污染物排放监管奠定坚实基础，应积极对企业提供守法援助，降低企业的守法成本，充分发挥企业环保主体责任，促使企业自觉履行环保责任，为节省执法资源开辟新途径。

在现场执法实施的过程中，一是强调执法的规范化，通过现场执法技术规范、指南等程序性文件规范执法流程和执法行为；二是随着我国省以下执法监管机构垂直改革和生态环境保护综合行政执法改革，市县两级生态环境部门成为固定源执法监管的主力军，应尽快提高基层执法队伍的专业素养，增强对一线环境监察人员的业务化培训力度。

在监管技术方面，创新对固定源执法监管的手段，使用精准、快速、便携的先进技术提高执法监管的精准性，大力开发和应用现场监测技术和便携式设备。

在环境违法处罚方面，以行政处罚为主，追求执法效率和公平性的统一；民事和刑事处罚既是行政处罚的重要补充，更是有效的法律震慑手段。

第三节　大气污染物现场监察执法存在的问题和技术需求及发展趋势

一、我国大气污染物现场监察执法存在的问题

（一）按证监管的执法体系还不完善，企业自证守法的自觉性不够

排污许可制将成为固定源环境管理的核心制度，实施"一证式"的管理，为规范环境监管执法提供了主要依据。但目前我国排污许可监管体系还刚刚起步，以排污许可证为主的执法体系尚未形成。企业对于自行监测、自行报告的重要性认识还不够，出于自身利益的考虑，通常不愿为环境保护投入较多的人力、物力成本，企业自行监测存在执行率低、监测不规范、监测指标覆盖不全等问题。企业的违法举证主体还是以环境执法部门为主，因此环境执法部门的监管任务、压力都比较大，特别是最近几年投入了大量人力、物力开展的污染源的核查、督查、巡查等环境监管任务。

（二）现场监察执法工作人员少、任务重、要求高

虽然高度重视生态环境保护工作，环境执法队伍也不断壮大，能力建设也取得了长足进步，但与人民群众日益增长的生态环境需求和爆发式增长的环境监管执法任务相比，现有的执法力量仍然不匹配，甚至还有很大的缺口。根据对国内环境执法机构调研的情况来看，国内现场监察执法普遍存在人员少、任务重的情况。根据生态环境部行政体制与人事司统计数据，全国各地环境执法人员约 8 万人，相当比例的县执法人员不足 5 人，难以保障履职需要。从编制性质看，在编人员中，公务员、参公管理人员和事业编制人员占比分别为 4.2%、37.4%和 58%，另有部分地方设有工勤编制，约占 0.4%[59]。各级生态环境部门特别是基层环境执法队伍力量不足、人员偏少、编制混乱的问题较为突出。监察执法人员人均每年检查企业约 272 家，而随着不断强化的环境监管力度，各地也不断开展各种强化监管专项行动，根据调查的结果，2017 年调研地区开展的各种专项行动平均约 30 次。根据规定从事固定源现场执法工作的环境监察人员不得少于两人，并出示中国环境监察执法证。环境监察人员通过岗位培训并考试合格后取得监察执法证。而根据调研的结果，国内环境执法机构持证人员比例仅占 33.0%。环境监察执法人员整体素质也偏低，大多缺乏专业的知识背景，根据课题组发放的调查问卷结果统计，具有本科以上学历的人员占比仅为 44.1%，而各单位每年接受专业培训的人次也仅为 49.7 人次。随着环境执法机构的改革，执法重心下移，市、县两级基层生态环境部门成为环境执法监管的主力军，人员少、任务重、要求高的矛盾将更加突出。

（三）基层执法装备配置不平衡，新技术新装备利用率不高

自全国环境监察标准化建设实施以来，我国基层环境执法机构的执法装备有了大幅提升。基层环境执法机构执法经费不足、装备老化、没有服装或者服装五花八门，公车改革时因为不在执法序列，执法车辆没有保留的情况比比皆是。根据课题组发放的调查问卷统计结果，大多数的基层环

境执法机构都配置了照相机、执法记录仪等取证设备，但还有 21.8%的基层
环境执法机构未配置基础的交通设备，基层监察机构的执法装备配置不平
衡。有 14.3%的基层的机构配置了无人机、便携式污染物监测仪器等先进技
术的取证设备，但由于操作要求高、仪器携带不便等问题，这些新技术装
备使用率不高。《大气污染防治法》《关于深化生态环境保护综合行政执法
改革的指导意见》均提出了加强执法队伍标准化建设、高科技技术武装执
法队伍的新要求，但目前基层执法监察工作还处于与现代科学技术手段相
分离的状态，工作效率得不到提高，严重制约了生态环境执法队伍履职尽
责，与当前生态环境保护工作已经严重不适应。

（四）大气污染物排放具有瞬时性，无组织排放即时取证尤为困难

和水污染、固废污染不同，大气污染物的排放存在瞬间性，大气违法
行为取证难。如环境执法部门接到"12369"举报发现污染源企业可能存在
大气污染物违规排放，但是由于现有的标准废气采样和监测仪器开机预热
时间长，而污染源企业却在短时间内可通过改变工况达到达标排放，等监
测仪器安装完毕开始监测，违法行为大多已经停止。与有组织排放的大气
污染物相比，无组织排放的取证尤为困难。重点排污单位按照相关要求主
要排放口安装了在线监测设备，在线监测的数据可以作为大气污染物违法
排放的证据，但无组织的排放往往成为监管空白，按照现有的大气污染物
无组织排放监测相关规定，大气污染物的无组织排放监测时需要考虑各种
气象因素再进行布点采样，所需的监测取证时间更长。

二、我国固定源大气污染物现场监察执法技术需求及发展趋势

（一）建立依证监管的现场执法监管的技术体系

我国虽然出台了火电、钢铁、焦化等行业环境监察技术指南，但也只
是规定了文件监察、污染源现场监察等有关事项的程序性要求。随着以排
污许可证为核心的固定源管理制度的实施以及省以下执法监管机构垂直改

革和生态环境保护综合行政执法改革，市、县两级生态环境部门成为固定源执法监管的主力军，在人员少、任务重、要求高的新形势下，迫切需要建立一套以排污许可证为执法基础的集成、高效、快速、便捷的先进大气污染源执法监管技术方法及现场执法监管的技术流程和规范，实现精准、高效、规范执法。

（二）固定源大气污染物排放执法监管取证技术的研发、推广、应用

随着无人机、车载遥测、便携式监测技术的发展，越来越多的环境执法中都开始了对新型的执法监管技术手段探索应用，如何让新技术更有效地服务于精准执法，必须打通先进执法监管技术到固定源执法监管的每个环节，如先进技术的应用场景定位、技术设备的选型、规范性的操作、监测结果的违法识别等。同时，现有的先进技术在监管取证的链条上还不够完善，应加强对固定源大气污染物的遥测技术、固定源颗粒物及重金属等大气污染物的便携式监测技术的研发并出台相应的监测技术规范。

第三篇

固定源大气污染物排放现场执法监管技术体系

　　课题组在国内外大气污染源现场执法监管体系比较研究、国内大气污染执法监管现状调研与技术需求分析、重点工业行业大气污染源现场执法监管需求分析基础上，构建固定源大气污染现场执法的监管体系和技术框架，形成可操作性较强的大气污染现场执法监管一般性技术规程。根据技术总则框架设计，筛选了区域监管、现场检查和调查取证三大类技术。针对不同级工业行业现场执法的关键点，形成各重点工业行业的大气污染现场执法监管技术流程，并在天津、江苏、山西等多地钢铁、石化、涉及重金属企业开展了示范验证试验。

第十章 固定源大气污染物排放现场
执法监管技术总则

在国内外固定源大气污染现场执法体系比较性研究、国内大气污染现场执法现状调研和需求分析的基础上，对接本研究项目其他课题的大气污染物遥测技术、快速监测技术和固定源大气污染物排放执法监管信息系统，构建固定源大气污染现场执法的监管体系和技术框架，形成可操作性较强的大气污染现场执法监管一般性技术规程；针对不同级工业行业现场执法的关键点，形成各重点工业行业的大气污染现场执法监管技术流程。

第一节 技术总则编制背景

一、技术总则编制的必要性

（一）我国人员少、任务重、要求高、取证困难等大气污染物排放执法监管的现状

国内现场监察执法普遍存在人员少、任务重的情况。随着环境执法机构的改革，执法重心下移，市、县两级基层生态环境部门成为环境执法监管的主力军，人员少、任务重、要求高的矛盾将更加突出。而传统的监管手段具有测管分离特征，不具有区域污染发现、异常排放现场检查排查等核心功能。因取证技术不足或缺乏，使固定源大气污染物超标排放证据采集、证据链固定成为监管"瓶颈"。传统、单一的技术手段显然已经无法应

对复杂的现场环境和监管需求。

（二）无人机航拍、网格化监测、激光雷达监测、便携式仪器监测技术的发展和应用

利用无人机航拍、网格化监测、激光雷达监测等新技术，环境监察人员可不受时间、空间与地形等条件制约，迅速锁定污染问题发生地，有效获取证据，为查处环境污染行为奠定基础，目前各地开展了不同程度的应用。但如何让新技术更有效地服务于精准执法，必须打通先进执法监管技术到固定源执法监管的每个环节，如先进技术的应用场景定位、技术设备的选型、规范性的操作、监测结果的违法识别等。

（三）执法改革提出的提升监控预警能力和科学办案水平的新要求

《关于深化生态环境保护综合行政执法改革的指导意见》的印发解决了执法人员的身份问题，行政执法用车配备、统一着装等问题得到解决，同时提出要大力推进非现场执法，加强智能监控和大数据监控，依托互联网、云计算、大数据等技术，充分运用移动执法、自动监控、卫星遥感、无人机等科技监侦手段，实时监控、实时留痕，提升监控预警能力和科学办案水平。应尽快建立起针对不同级别的环境执法部门、不同行业的固定源大气污染物排放监管需求的执法工具包配置标准，以确保执法监管的能力与承担的任务相适应。

二、技术总则的定位

《总则》（建议稿）的编写思想是重区域监管、重现场检查，以监管推进精准执法。在进行监管技术筛选时首先选择有标准或规范化技术，其次是技术成熟或市场化，已经在环境监管和（或）执法中应用并取得显著效果的技术，最后是代表未来发展方向的监管技术。《总则》（建议稿）筛选了区域监管、现场检查和调查取证三大类技术，其中区域监管选择效果显著的无人机巡航、网格监管和雷达监管 3 种技术；现场检查技术以现场直

读便携式检测仪器为中心，辅以特定厂界排查的多旋翼无人机和车载移动监测；调查取证技术主要围绕污染物排放超标取证，包括在线监控数据、实验室分析报告和便携式仪器分析数据等。针对每类技术，对其使用条件、功能要求、数据采集、质量控制、异常解译及预警等内容，均一一进行了规范，保障各类技术的规范化使用。

根据《环境行政处罚办法》中证据类别规定的相关要求，将技术分成两大类：一类是可用于执法调查取证的技术；另一类是环境监管和现场检查技术。对于现场执法检测便携式仪器而言，对采用不同原理方法仪器的适用性进行了筛选；对采用新原理方法的仪器，在执法使用时要根据主管部门的指导意见进行，注意仪器的实验室比对监测和检出数据的有效性审核，并应有规范程序；还对其执法证据的固定提出明确要求，如时间标签、地点标签、自动导航、报警提示等。为保护检出数据的法律有效性，强调现场检测仪器定期在有资质实验室进行标定、开展比对监测，符合相关机构的规范管理和有效性审核。

三、技术总则的编制原则

对整个监管技术框架体系的设计主要考虑以下几个原则。

（一）监管全过程覆盖原则

监管是地方政府对企业生产全过程的大气污染物排放管理，重点是异常排放的发现、检查、确认和后续行政执法等流程，难点是从区域异常识别到点源异常识别的过程。相应地，技术框架设计应体现由远及近的异常排放识别流程，覆盖从污染区域发现→污染源筛查→生产企业厂区研判→排口或设施检查→笔录全过程。将区域层面的日常监管与可疑企业的现场检查相结合。

（二）排放证据易固定原则

大气污染物的排放浓度受到如企业生产工艺、工况、燃料、污染治理设施类型和运行状况、温湿度等多重因素的影响，具有复杂性；同时，大气污染物排放扩散快，即使有短时间的高浓度排放，也无法及时发现。如何做到全方位发现证据、固定证据、保存证据，是技术框架必须考虑的问题。因此，具有高分辨率、高机动性特征的区域监测监管技术将作为核心组成。

（三）规范化原则

监管属行政管理和执法范畴，有清晰、规范化的操作程序要求，在人员资质、仪器装备、方法方式上有各类规章法律规定，优先选择符合国家及地方法律法规要求的相关技术方法，体现监管作为行政执法的严肃性。

（四）成熟化原则

对企业的监管执法重点由基层组织实施，考虑到基层监管人员少、经费有限、仪器培训少等现实条件，应选择易掌握、易实现、有较好普及性的成熟技术及仪器。

（五）实效性原则

优先选择已经在环境监管和（或）执法中取得显著效果的先进技术。

第二节 技术总则的主要内容

一、总则框架

技术总则分为以下 9 项内容：
①适用范围；
②规范性引用文件；
③术语和定义；
④现场执法监管流程和技术框架；
⑤区域监管；
⑥现场检查；

⑦调查取证；

⑧附录 A 固定源大气污染物现场执法监管记录表；

⑨附录 B 自由裁量。

二、适用范围

技术总则规定了固定源大气污染物排放的现场监管执法一般技术流程，主要分为区域监管、现场检查、调查取证三部分，在技术规范中对由远及近的三大类固定源大气污染物排放的现场监管执法适用的监管技术类型、实施规范给出了具体的要求。

技术总则适用于各级生态环境部门对固定源大气污染物排放的现场监管执法全过程，适用的对象是对大气污染物排放情况的监管执法，从大气污染物排放的合规性来判断企业是否存在违法违规的行为。

技术总则适用于指导行业固定源大气污染物排放现场监管执法技术规范的编制，对没有行业技术规范的固定源大气污染物排放现场执法监管可参照技术总则执行。

三、规范性引用文件

《固定污染源排气中颗粒物测定与气态污染物采样方法》（GB 16157）

《大气污染物综合排放标准》（GB 16297）

《固定污染源烟气（SO_2、NO_x、颗粒物）排放连续监测技术规范》（HJ 75）

《工业污染源现场检查技术规范》（HJ 606）

《大气污染物无组织排放监测技术导则》（HJ/T 55）

《固定污染源监测质量保证与质量控制技术规范（试行）》（HJ/T 373）

《固定源废气监测技术规范》（HJ/T 397）

《大气污染防治网格化监测点位布设技术规范》（DB13/T 2545）

《无人机航摄安全作业基本要求》（CH/Z 3001）

《空气质量数值预报同化激光雷达资料技术指南（试行）》

《无人机环境遥感监测基本作业规范（试行）》（环办〔2014〕84 号）

《环境行政处罚办法》(环境保护部令　第 8 号)

《环境行政处罚证据指南》(环办〔2011〕66 号)

《污染源自动监控设施现场监督检查办法》(环境保护部令　第 18 号)

《环境监测人员持证上岗考核制度》(环发〔2006〕114 号)

四、现场执法监管流程和技术框架

固定源大气污染物现场监管执法一般流程分为区域监管、现场检查和调查取证三部分。各部分适用的监管技术和规范化工作程序如图 10-1 所示。

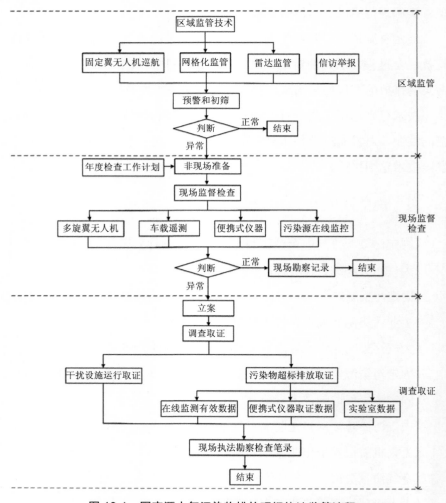

图 10-1　固定源大气污染物排放现场执法监管流程

区域监管（测）技术主要是对辖区内固定源大气污染物的排放情况开展日常的巡查和监管，并建立和更新污染源台账，及时发现、定位异常排放区域或固定源并实时取证。区域监管可由无人机巡航、网格化监管和激光雷达监管等技术中的一种或多种技术协同实施。区域监管宜由省、市、县三级监管组织协作完成，或向第三方购买服务。

五、区域监管

（一）无人机巡航

无人机巡航是利用无人机搭载任务载荷，制定巡航路线，实时采集航线附近大气污染物异常排放区域、固定源生产设施和污染防治设施开启状况的视频、图像信息、污染物浓度分布，定位异常排放区域和固定源。实现高机动、大范围的固定源大气污染物排放监管。适用于非管制空域的固定源大气污染物排放监管。

1. 无人机选型

完整的无人机遥感系统包括五部分，即无人机飞行平台、载荷、地面控制与数据传输系统、影像处理系统和设备操控人员。小型无人飞行平台可以分为 4 种类型：降落伞、飞艇、多旋翼无人机和固定翼无人机，由于降落伞和飞艇使用的限制性因素太多，因此现阶段主要是多旋翼无人机、固定翼无人机的应用。多旋翼无人机由于体积小，较为灵活，但是电池续航时间短，适用于面积较小的区域巡航，监管区域面积大于 $10 \ km^2$ 时，宜选择固定翼无人机。需要根据监管区域面积、企业分布密度、污染物排放类型及排放强度、监管任务要求、地形地貌等因素选取合适的无人机机型。

2. 任务载荷

根据调研的情况，目前无人机搭载的任务载荷主要有可见光相机、摄像机、热红外仪、小型多组分气体检测仪等传感器及配套设备，可见光相机和摄像机通过获取高分辨率图像数据判断企业是否存在违法违规行为。热红外仪通过获取生产设施或污染防治设施的温度判断企业是否在生产或污染防治设施是否正常开启。目前市面上无人机搭载的小型多组分气体检测仪主要监测的污染种类为 SO_2、NO_x、$VOCs$、$PM_{2.5}$、PM_{10} 等，可单载荷独立工作，也可以多载荷协同工作。根据监管对象及任务要求，确定要搭载的任务载荷。

3. 巡航路线及作业要求

根据检查区域范围和地形、污染源分布、任务载荷类型、数据处理要求和信息传输要求，结合国家和地方对无人机的相关管理规范，设计巡航路线。设计指标包括起降场地、地面分辨率、航向重叠度、旁向重叠度、飞行高度、航线间距等。无人机飞行环境的温度、湿度、风力、淋雨、盐雾等条件应满足无人机作业要求。在无人机作业前，应制定应急预案，包括无人机故障后的人工干预方法，安全迫降地点和迫降方式，事故后的无人机搜寻方案，事故调查、处理和记录。无人机作业时的飞行检查与操控按照《无人机环境遥感监测基本作业规范（试行）》（环办〔2014〕84 号）和 CH/Z3001 相关规定执行。

4. 异常判读

遥感影像进行数据处理以及提取企业信息和污染物排放信息，对大气污染物异常排放进行违法识别的判断具体依据研究成果《基于无人机遥感的大气污染源排放监测与监察执法技术方法规范》执行。

（二）网格化监管

1. 网格设计及点位布设

网格化监管将监管区域划分为不同精度的网格进行监测点位布设，对各点位大气污染物浓度数据、气象参数进行实时采集、上传、分析、预警，可实现多目标污染物的区域监管。一般在监控区域以 1 km、2 km、3 km 为间隔划分，目前河北省出台了《大气污染防治网格化监测点位布设技术规范》（DB13/T 2545），可依据该技术规范根据区域企业分布、大气污染物类型、主导风向等情况，并给合当地环境监测机构设置的环境空气质量监测站（点）分布，进行网格布点。点位的布设应以准确反映大气污染物排放、扩散和传输规律为原则，在厂界及沿厂界上风向、下风向布设点位，同时应考虑污染物沉降距离；企业内部组网布点宜围绕原料堆存和输送、排放口和主要生产工艺厂房周边，不得影响企业安全生产。组网间距和步长宜根据厂区实际情况和满足微型空气质量监测站工作条件设定。

2. 组网设备及要求

通用网格通常有微型空气监测站和小型空气站，小型空气站对微型站的数据进行质控，并对微型站进行自动校正。包括微型空气监测站及其质控设备两部分。质控设备是指采用标准方法的可用于微型空气监测站校准的监测仪器，可根据具体质控需求配备。组网设备供电方式宜采用市政供电或太阳能供电，电池续航能力应不低于 30 d。组网设备应具有通讯功能，包括无线通讯功能、断线自动重联、数据续传、GPS 定位等。监测仪器在以下条件下应能正常工作：温度在-40～50℃，相对湿度为 15%～95%。监测指标包括颗粒物、SO_2、NO_x、CO、O_3、NMHC 等其中的一种或几种。

3. 质量控制

网格化监测数据宜推行全生命周期数据质量管理，包括入厂传感器标物校准、出厂前环境校准、应用时的组合监督性校准和周期性传递校准。其中组合性监督校准是指微型空气质量监测站与国家标准方法仪器通过组合布点，进行实时比对，发现漂移后自动校准；周期性传递性校准是指微型空气质量监测站与采用国标法的便携式校准仪器和（或）移动监测车进行现场比对。

4. 异常判断

微型空气质量监测站的监测指标值实时上传至信息平台，由平台进行数据统一分析、比对，对有规律的数据异常提出预警，包括地点和污染物种，及时向网格管理人员推送，进行现场复核。

（三）环境监测雷达

环境监测雷达可连续扫描大范围或指定区域的大气气溶胶水平和立体分布，实时给出水平方向和垂直方向上颗粒物浓度分布和扩散规律，是地面常规监测技术的有益补充。雷达组网和车载雷达是常用的两类技术，可根据监测成本、监测范围选择适当的监测技术。

1. 雷达选型及要求

技术总则适用基于弹性后向散射（MIE 散射）的微脉冲偏振激光雷达，由光学传感舱、控制箱和工控机组成，使用寿命应大于 1 万 h，同时宜配备智能摄像功能及时取证。环境监测雷达应满足以下要求：探测距离≥5 km；盲区≤45 m；扫描角度为水平 360°，垂直±90°，角度分辨率为 0.01°；时间分辨率可根据监测要求设定。监测仪器在以下条件下应能正常工作：温度为−10～40℃，相对湿度为 0～80%。

2. 点位布设

为获得水平方向上的大气污染物浓度分布，应将环境监测雷达置于城市观测点高处（不低于 20 m），保证扫描工作范围内无遮挡。雷达组网应考虑监管区域的功能区分布、涉气企业分布密度及排放特征、局地主导风向等因素，以及地面监测站点建设现状，尽量减小组网后不同雷达的工作重叠区。

3. 数据采集

采集数据应包括颗粒物浓度廓线、能见度、图像等信息。结合地理信息系统，实时显示区域颗粒物浓度分布信息。传输数据的文件格式、命名规范按照《空气质量数值预报同化激光雷达资料技术指南（试行）》的规定执行。

4. 质量控制

激光器在出厂前完成规定校准后，在业务化监测过程中宜采用拉曼气溶胶激光雷达进行同步校准，或结合地面监测站（点）的实时空气质量监测数据进行校准。

5. 异常判断

根据颗粒物浓度实时分布数据，提取规律性异常排放时段、地区，进行污染溯源。

（四）区域预警和初筛

1．数据处理

各监管技术采集的数据宜实时上传管理平台。管理平台对采集的数据应具有存储、统计、分析等功能；宜具有异常报警、超标报警、信息推送和现场情况反馈等功能。与地理信息系统相结合，可准确反映监管区域企业分布、生产设施和污染防治设施开启状况、污染物排放异常区域等信息。对异常报警和超标报警信息进行溯源分析或与污染源相匹配，并进行审核、确认。

2．异常对象识别

将识别的大气污染物排放异常区、地理位置和涉气企业信息，通过管理平台推送到基层网格人员和企业相关人员，进行异常区初步筛查、现场复核，并反馈检查结果和意见。

将未通过现场复核的地区和企业划为异常监管对象，推送至环境监察机构，列入现场检查名单。

六、现场检查

（一）现场检查实施

开展现场检查活动包括根据年度现场检查工作计划和异常监管对象名单开展现场检查。由环境监察执法人员、监测人员和企业相关人员共同实施。在现场检查任务具有一定技术性要求时，宜配备相关专业人员开展联合检查。检查对象由辖区年度检查计划确定的现场检查大气污染物排放企业、专项检查大气污染排放单位、抽查的一般大气污染物排放单位和异常监管大气污染物排放对象等组成。检查的内容包括企业环保制度相关资料检查、企业生产排污情况检查、污染治理情况检查等。检查工作内容是其上的一项或多项综合。

（二）检查流程

1．检查前的准备

包括组织检查队伍，制定现场工作方案，准备取证设备、监测仪器和个人防护用品等。

检查队伍：由执法人员、监测人员和其他人员组成。其中执法人员不应少于两名。

现场工作方案：根据检查企业类型、现场情况、监察任务要求，拟定检查主题和现场问题清单，制定工作程序、人员分工和应急预案等。

监测仪器：根据现场检查任务准备适用仪器。

个人防护用品：根据检查场所、特殊工艺及污染物排放特征等准备个人防护用品。

2．进入现场

检查组人员应出示执法证和相关证件，表明身份。必要时应以现场工作会议的形式，向企业说明现场检查任务和事项，要求企业配合检查，并提供检查所需的相关材料。

3．现场活动

检查组人员进入企业后，依法进行勘察、采样、监测、拍照、录音、录像等一系列活动；查阅、复制相关资料；约见、询问有关人员，要求说明相关事项；及时制作现场检查笔录。

（三）现场检查技术

在现场勘察阶段，检查人员通过实地踏勘，使用成熟监测仪器或设备，对企业污染物排放情况、企业污染防治设施运行情况、企业实际生产工况等进行检查。全程采用取证设备，如实记录。

现场检查监测数据作为辅助证据，及时确认企业是否存在污染物异常排放；有地方法律法规支撑的，可作为证据。

1．现场监测技术选择

现场勘察阶段监测技术选择，主要依据企业分布密度、企业厂区大小、排放口数量及分布、大气污染物种类及排放强度、场区内路网建设、厂界规则分布情况、检查时段和气象条件等因素，选择移动监测、便携直读监测等技术中的一种或多种进行快速检测，及时识别污染物的异常排放。

有组织排放：适用企业废气排放口的现场检查监测技术，包括在线监测、便携监测等技术。

无组织排放：适用企业废气无组织排放的现场检查监测技术，包括移动监测、便携监测等技术。

2．多旋翼无人机监测

适用于检查人员无法进入或难以进入的生产现场，通过拍照、视频传输和遥测等手段，对污染防治设施运行状况进行取证。根据作业区范围、检查面积和监测指标要求，宜选择多旋翼无人机，适用于排放口数量多、没有禁飞要求的企业厂区或化学工业园区上空。根据检查任务，任务载荷包括光学相机、红外相机、视频传输系统、成像光谱仪等。根据企业的具体情况，预判可能存在的违规类型和大气污染物种类，制定巡航路线。制定巡航路线不得干扰企业正常生产。

3．车载移动监测

对路网建设较发达企业的废气排放，根据监测指标，在车载平台搭载遥测设备，进行现场检查。可对固定源排放口和企业厂界的 NO_2、SO_2 进行快速监测。一般由光谱采集系统、GPS 系统、气象观测系统和计算机系统四部分组成。走航路线的设计要根据污染物排放类型（有组织排放、无组织排放等）和排放口分布，综合考虑风向、风速、路网分布及植被生长等条件。车载移动监测搭载的光学传感器由于受到光照等条件的制约，最佳观测条件一般为：观测时间为 09：00—16：00，风速为 1～3 m/s，车速为 30～40 km/h。监测车在污染源附近按照闭环走航路线行驶，通过天顶散射光 DOAS 系统采集经纬度、车速和航向信息，以及污染源大气污染物的排放通量。通过软件在线对光谱数据进行浓度反演、通量计算。开始监测前设备需进行标气标定，并规范记录。根据车载移动监测的污染物通量在线反演浓度分布及可视化显示，判定浓度异常高值区。除了车载 DOAS 外的其他可适用于大气固定源监管且效果显著的其他车载遥测技术也适用于现场的检查监测。

4. 便携直读监测

选择易于携带进场的监测仪器，可满足现场快速定量或定性监测大气污染物排放的要求。根据监测污染源类型，分为有组织排放和无组织排放便携直读监测两类。已有国家标准监测方法宜采用国家标准监测方法进行监测。如采用非国家标准监测方法，原则上推荐在相关部门的指导下使用，并且需要注明与标准监测方法的差异。

（1）功能要求

使用的监测仪器应有使用规范，其准确度和灵敏度要达到相关标准规范的要求；监测指标应与标准监测方法的检查结果进行比对，并提供比对测量误差，以指导现场检查监测数据的使用。

①应具有快速监测、抗负压、防尘防湿等功能；

②应具有开机自动校准功能（即软件标定功能，对各项参数进行自动标定，具有校零和校标功能）、监测自动导航功能；

③应具有通讯功能或硬件接口；

④应具有数据显示、保存、传输和定制打印功能；

⑤具有时间、地点、监测人员等标签设定功能；

⑥取得读数稳定时间应低于 5 min；

⑦应具有异常情况处理功能等。

（2）环境条件

应明确仪器的具体工作环境条件，以便于与检查现场相匹配，包括：

①对烟气温度、湿度、气压的要求；

②对烟气流速、流量的要求；

③对工作电源的要求；

④用于有防爆要求的大气污染物监测的设备要达到相关防爆的规定；

⑤其他要求等。

（3）监测指标

应满足不同行业、不同工序大气污染物排放标准中对大气污染物监测指标、准确度、精度、量程的要求。暂时不具备定量监测的污染物，可以开展定性监测。监测指标见表 10-1。

表 10-1　大气固定源污染物便携直读监测仪器基本参数

项目		检测方法	精度/准确度	量程（最高示值）	检测排放类型	备注
颗粒物		微量振荡天平法	0.01 mg/m³	0～30 mg/m³	无组织	采样流量：16.7 L/min
		β射线法	0.01 mg/m³	0～30 mg/m³	无组织	
		β射线法			有组织	
SO₂		非色散红外吸收法、定电位电解法			有组织/无组织	
		差分吸收光谱	0.05		厂界/无组织	
NO$_x$		非色散红外吸收法、定电位电解法			有组织/无组织	
		差分吸收光谱	NO₂：0.09 mg/m³，NO：0.02 mg/m³		厂界/无组织	
VOCs	总烃（TVOC）	氢火焰离子分析法（FID）	±10%	0～30 000 ppm	环境	
	总烃/甲烷/非甲烷总烃	便携式氢火焰离子化监测器法	<1%	0～10/100/1 000/10 000 ppm	有组织	需要加热管线（140～180℃），长30 m
	苯	差分吸收光谱法	0.06 mg/m³		厂界/无组织	
	甲苯	差分吸收光谱法	0.14 mg/m³		厂界/无组织	
烟气铅		波长（能量）色散 X 射线荧光光谱法			厂界/无组织	
		面密度法			有组织	

（4）组合原则

为提高执法效率和效能，配合不同行业检查重点，使执法专用车功能达到最大化，将便携监测仪器依据监测污染物种类分别编入标准配置单元和选配单元，优化监测仪器单元。检查人员在非现场准备阶段，可根据现场检查类型，灵活选择不同组合单元。

①标准配置单元：以常规污染物，即颗粒物（$PM_{2.5}$、PM_{10}）、SO_2 和 NO_x 等污染物的便携设备作为标准配置单元。

②选配单元：以行业特征污染物，烟气铅、VOCs、H_2S、HF、Cl、NH_3 和恶臭等污染物的便携设备作为选配单元。

（5）仪器校准

①仪器的检定和标准按 HJ/T 373 执行；

②仪器中使用传感器的，应按 HJ/T 373 或设备说明书执行，对其进行定期校准或更换；

③无标定设备的单位，可到国家授权的单位进行标定；

④仪器的检定和校准记录应保存完整。

（6）数据类型

①监测点位信息，包括排放口编号、设施名称、构筑物名称和（或）距离；

②监测数据，包括采样时长、烟气流速、污染物种类及浓度等；

③过程数据，包括气象数据、操作日志、设备工况等；

④其他信息等。

5. 在线自动监测

根据《污染源自动监控设施现场监督检查办法》和《固定污染源烟气（SO_2、NO_x、颗粒物）排放连续监测技术规范》（HJ 75）相关规定，重点检查如下内容：

①排放口规范化情况；

②污染源自动监控设施现场端建设规范化情况；

③污染源自动监控设施变更情况；

④污染源自动监控设施运行状况；

⑤污染源自动监控设施运行、维护、检修、校准校验记录；

⑥相关资质、证书、标志的有效性；

⑦企业生产工况、污染治理设施运行与自动监控数据的相关性。

为保证数据有效性，污染源自动监测设备应开展定期检定或校准，保证正常运行；重点排污单位自行污染源自动监测的手工比对，及时处理异常情况，确保监测数据完整有效。

将采集的监测数据上传至移动执法系统终端，经过分析、比对，进行违规识别。

6. 现场人员询问

对现场勘察阶段发现的违规问题和污染物异常排放，应询问企业主管人员、相关工艺和设施操作人员，了解问题产生原因、发生频率、企业主动采取处置措施和处置效果、是否及时上报等信息，应全程通过取证设备进行记录，采集音频、视频信息，应在现场检查记录中如实叙述。

7. 现场资料检查

现场资料检查包括排污单位资料检查和环境信息公开检查。

排污单位检查资料包括：

①排污许可证、按证排污的执行情况，以及法律法规规定的其他环境许可文件等；

②企业端生产数据，停限产措施执行时生产设施开停工记录、原料和能源消耗记录等资料，判断企业污染防治措施治理效果所需的工况数据或资料；

③其他管理制度等。

环境信息公开检查以在线检查和现场文件比对的方式，对检查对象环境信息公开的内容种类、公开方式、公开时限、内容真实性等项目进行检查。

检查人员在法律授权范围内，为检查对象提供法规指导、相关材料复印件或其他信息。在现场检查结束后，执法人员及时制作现场检查记录。

七、调查取证

监察人员实施现场检查时，发现存在环境违法行为的，进行立案。需要立即查处的环境违法行为，可先行调查取证，并在 7 个工作日内决定是否立案和补办立案手续。

超标排放违法行为主要包括：

①超过大气污染物排放标准或者超过重点大气污染物排放总量控制指标排放大气污染物；

②通过逃避监管的方式排放大气污染物；

③拒不执行重污染天气应急措施；

④其他。

（一）证据采集

1. 超标排放证据采集

根据《工业污染源现场检查技术规范》（HJ 606）和《环境行政处罚证据指南》等相关规定，对企业废气违法排放证据进行采集。超标类大气污染物违法排放行为主要证据为监测报告。采集证据的类型见技术总则附录 A 中有关裁量基准的规定。

2. 逃避监管违法排放证据采集

主要证据为现场勘察笔录、逃避监管行为的影像记录、在线监控记录（包括企业用电等情况）。对于违法情形，应当在现场检查（勘察）笔录中固定现场所勘察到的情况，就逃避监管的行为对当事人进行询问，制作询问笔录，对逃避监管排放污染的行为进行影像证据记录。采集证据的类型见技术总则附录 A 中有关裁量基准的规定。

逃避监管的情形包括：

①不正常运行大气污染防治设施；

②不经过法定排污口排放大气污染物；

③篡改或者伪造监测数据；

④以逃避现场检查为目的的临时停产；

⑤其他逃避监管排放大气污染物的行为。

3．拒不执行重污染天气应急措施证据采集

主要证据为县级以上人民政府所发布的与空气质量预报预警体系相关文件，并由县级以上人民政府确认生态环境部门为该项违法行为的责任部门，以及此次重污染天气预警等级的官方文件。采集证据的类型见技术总则附录 A 中有关裁量基准的规定。

（二）现场采样

对现场检查发现排放异常的排放口、生产车间、厂界等地，或污染防治设施不正常运行的，应及时采样。

1．采样方法

有组织排放的采样方法按《固定污染源排气中颗粒物测定与气态污染物采样方法》（GB 16157）、《大气污染物综合排放标准》（GB 16297）、《固定源废气监测技术规范》（HJ 397）以及相关行业排放标准等的规定执行。无组织排放的采样方法按《大气污染物无组织排放监测技术导则》（HJ 55）和相关行业排放标准的规定执行。监测质量保证与质量控制按《固定污染源监测质量保证与质量控制技术规范（试行）》（HJ/T 373）的有关规定执行。

2．采样实施

开展现场采样时，应在环境监察人员和企业人员的共同监督下进行。

采样人员应经培训，并按照《环境监测人员持证上岗考核制度》要求持证上岗。

3．样品监管

①采取拍照、录像等方式记录取采样和样品保存、运输情况；

②样品采集完成后应制作采样记录或记入现场检查笔录，并由相关人员签字确认。

（三）超标排放取证技术

对违反大气污染防治规定的企业开展的现场监测。通过执法监测反映企业的违法排放情况，监测结果以检出污染物种类、污染物超标浓度、污染物超标排放总量、超标倍数等适于裁量的成果显示。执法监测技术包括烟气排放连续在线监测和现场监测两类。

1．在线监测

根据《环境行政处罚办法》第 36 条规定，在线监测数据可为证据。检查人员可以利用在线监控收集违法行为证据。烟气排放连续监测系统的有效数据可以作为认定违法事实的证据。

2．便携直读监测

推荐利用标准监测方法的便携直读监测技术收集违法行为证据。在相关法规指导下，经环境保护主管部门认定的有效性数据，宜为证据的有效组成。

3．实验室分析

根据《环境行政处罚办法》第 37 条规定，现场监测数据可为证据。环境保护主管部门在对排污单位进行监督检查时，可以现场即时采样，监测结果可以作为判定污染物排放是否超标的证据。样品分析方法按相关标准和规范执行。实验室分析提供的监测报告必须载明下列事项：监测机构的全称；监测机构的国家计量认证标志（CMA）和监测字号；监测项目的名称、委托单位、监测时间、监测点位、监测方法、监测仪器、监测分析结果等内容；监测报告的编制、审核、签发等人员的签名和监测机构的盖章。

通过查阅、复制反映企业生产工况、污染台账管理的有关文件材料，排污许可制度执行的文件和报告，重污染天气应对措施等相关管理制度的执行记录等，对干扰污染防治设施运行的情况进行调查、取证。

现场检查笔录和询问笔录按《环境行政处罚办法》和《环境行政处罚证据指南》的有关规定撰写。

八、自由裁量

（一）自由裁量基准

根据《环境行政处罚办法》和环境保护部《规范环境行政处罚自由裁量权若干意见》，自由裁量基准包括环境违法行为共性的裁量基准、环境违法行为个性的裁量基准和环境违法行为修正的裁量基准。

1．共性裁量基准

共性裁量基准是指各种环境违法行为所共有的一般的、普遍的、概括的裁量标准。从环保行政处罚的角度考虑，可以分为社会影响、生态破坏、环境污染 3 项。

2．个性裁量基准

个性裁量基准是指某一类、某一种、某一个违法行为所特有的裁量标准；相对于共性裁量基准而言，个性裁量基准是刻画该违法行为所特有的表现形态，是对违法行为更为具体的描述。

3．修正裁量基准

在实施行政处罚时，应当考虑地区经济发展水平，当事人经济承受能力，以及所采取的改正补救措施等相关因素。

（二）不同违法行为的个性裁量基准

1．超标超总量环境违法行为的个性裁量基准

超标超总量环境违法行为是指超过大气污染物排放标准或者超过重点大气污染物排放总量控制指标排放大气污染物。表 10-2 给出了超标超总量环境违法行为的个性裁量基准。

表 10-2　超标超总量环境违法行为的个性裁量基准

序号	裁量因子	违法情节	裁量等级
1	超标因子	1 个	1～2
		2 个	3
		3 个	4
		4 个及以上	5
2	排放区域	空气三类区（特定化工园区）	1
		空气二类区（工业区）	2
		空气二类区（非工业区）	3
		空气二类区（居住区）	4
		空气一类区	5
3	持续时间	不足 5 d	1
		5 d 以上不足 10 d	2
		10 d 以上不足 20 d	3
		20 d 以上不足 1 个月	4
		1 个月以上	5
4	废气类别	生活废气	1
		餐饮油烟（经营）、农业、畜禽养殖	2
		一般工业废气、烟尘（烟气和粉尘）/含恶臭污染物的废气	3
		火电、钢铁、石化、水泥、炼焦、有色、化工、燃煤锅炉废气、烟尘	4
		含有毒有害物质的废气	5
5	超总量	日总量 10% 以下	1
		日总量 10% 以上 20% 以下	2
		日总量 20% 以上 50% 以下	3
		日总量 50% 以上 100% 以下	4
		日总量 100% 以上或年总量 10% 以上	5
5-1	污染物超标倍数	超标不足 10%/林格曼黑度 1 级	1
		超标 10% 以上不足 50%/林格曼黑度 2 级	2
		超标 50% 以上不足 100%/林格曼黑度 3 级	3
		超标 100% 以上不足 200%/林格曼黑度 4、5 级	4
		超标 200% 以上/林格曼黑度 6 级	5
6	小时烟气流量	1 万 m^3 以下	1
		1 万 m^3 以上 10 万 m^3 以下	2
		10 万 m^3 以上 50 万 m^3 以下	3
		50 万 m^3 以上 100 万 m^3 以下	4
		100 万 m^3 以上	5

2．逃避监管行为的个性裁量基准

逃避监管行为是指通过逃避监管的方式排放大气污染物。表 10-3 为逃避监管行为的个性裁量基准。

表 10-3　逃避监管行为的个性裁量基准

序号	裁量因子	违法情节	裁量等级
1	废气类别	生活废气	1
		餐饮油烟（经营）、农业、畜禽养殖	2
		一般工业废气/含恶臭污染物的废气/烟尘	3
		火电、钢铁、石化、水泥、炼焦、有色、化工、燃煤锅炉废气	4
		含有毒有害物质的废气	5
2	排污超标状况	不超标	1
		超标 50%以下	2
		超标 50%以上不足 100%	3
		超标 100%以上不足 200%	4
		超标 200%以上	5
3	行为情形	少量泄漏	1
		有部分泄漏	2
		部分污处设施不能正常运行或停运	3
		整体或关键处理设施停运/为逃避现场检查临时停产	4
		正常生产时不通过污处设施利用其他方式直接排放/篡改、伪造监测数据	5
4	小时烟气流量	1 万 m³ 以下	1
		1 万 m³ 以上 10 万 m³ 以下	2
		10 万 m³ 以上 50 万 m³ 以下	3
		50 万 m³ 以上 100 万 m³ 以下	4
		100 万 m³ 以上	5
5	项目环境管理情况	有环评有验收	1～2
		有环评无验收	3～4
		无环评无验收	5
6	持续时间	不足 5 d	1
		5 d 以上不足 10 d	2
		10 d 以上不足 20 d	3
		20 d 以上不足 1 个月	4
		1 个月以上	5

3．拒不执行重污染天气应急措施的个性裁量基准

拒不执行重污染天气应急措施是指拒不执行停止工地土石方作业或者建筑物拆除施工等重污染天气应急措施。表 10-4 给出了拒不执行重污染天气应急措施的个性裁量基准。

表 10-4　拒不执行重污染天气应急措施的个性裁量基准

裁量因子	违法情节	裁量等级
重污染天气预警等级	蓝色	1～2
	黄色	3
	橙色	4
	红色	5

（三）共性裁量基准

表 10-5、表 10-6 给出了 3 类环境违法行为的共性裁量因子，包括社会影响、生态破坏。

表 10-5　社会影响共性裁量基准

裁量因子	轻微	一般	较重	严重	特别严重
舆论影响	本地区（县）级媒体曝光	当地市级媒体曝光	省级媒体曝光或者互联网曝光但反响不强烈	互联网门户网站曝光并且反响强烈	中央媒体曝光
公众影响	1 次有效投诉	2 次有效投诉	3～4 次有效投诉	5 次有效投诉	5 次以上有效投诉或者造成群体上访
社会纠纷	厂群纠纷	厂厂纠纷	跨区（县）纠纷	跨市纠纷	跨省（省辖市）纠纷
公私财产损失/违法所得	小于 1 万元	1 万元以上	5 万元以上	15 万元以上	30 万元以上
减少防治污染设施运行支出	1 万元以上	5 万元以上	25 万元以上	50 万元以上	100 万元以上

裁量因子	轻微	一般	较重	严重	特别严重
人员伤亡	受伤人感觉轻度不适	疏散、转移群众1 000人以下（不足1 000人）；5人以下（不足5人）中毒	疏散、转移群众1 000人以上；5人以上中毒；1人轻伤、轻度残疾或者器官组织损伤，导致一般功能障碍	疏散、转移群众2 500人以上；15人以上中毒；2人以上轻伤、轻度残疾或者器官组织损伤，导致一般功能障碍	疏散、转移群众5 000人以上；30人以上中毒；3人以上轻伤、轻度残疾或者器官组织损伤，导致一般功能障碍；致使1人以上重伤、中度残疾或者器官组织损伤，导致严重功能障碍或死亡

表 10-6　生态破坏共性裁量基准

裁量因子		轻微	一般	较重	严重	特别严重
土壤		基本农田、防护林地、特种用途林地1亩以下，其他农用地1亩以下，其他土地5亩以下遭受污染（不含本数）	基本农田、防护林地、特种用途林地1亩以上，其他农用地1亩以上，其他土地5亩以上遭受较重破坏	基本农田、防护林地、特种用途林地3亩以上，其他农用地5亩以上，其他土地10亩以上遭受严重破坏	基本农田、防护林地、特种用途林地3亩以上，其他农用地5亩以上，其他土地10亩以上基本功能丧失或者遭受永久性破坏	基本农田、防护林地、特种用途林地5亩以上，其他农用地10亩以上，其他土地20亩以上基本功能丧失或者遭受永久性破坏
植被	数量或面积	—	5 m³以下/100株以下/1亩以下（不含本数）	5 m³以上/100株以上/1亩以上	25 m³以上/500株以上/5亩以上	50 m³以上/2 500株以上/25亩以上
	种类	—	森林、林木/幼树/草原、草地、经济作物	森林、林木/幼树/草原、草地、经济作物	森林、林木/幼树/草原、草地、经济作物	森林、林木/幼树/草原、草地、经济作物
水体（地表水、地下水）		V类	IV类	II类、III类	I类	致使乡镇以上集中式饮用水水源地取水中断12 h以上

裁量因子		轻微	一般	较重	严重	特别严重
动物		导致一般野生动物死亡		导致国家二级保护动物死亡	导致国家二级保护动物减损过半或国家一级保护动物数量减少	国家一级保护动物减损过半
自然景观、人文景观	地点	一般区域	县级风景名胜区	市级风景名胜区	省级风景名胜区、地方级自然保护区、省级湿地公园	国家级风景名胜区、国家级自然保护区、国家级湿地公园

（四）修正基准

修正基准包括地区、经济承受度、改正态度、补救措施和改正效果等。

1. 地区

按企业位于东部、中部、西部地区进行修正。

2. 经济承受度

按企业规模为个体、小型、中大型进行修正。

3. 改正态度

按企业不同改正态度进行修正，包括立即改正、在规定期限内改正、故意拖延、拒不改正。

4. 补救措施和改正效果

按企业采取措施及效果进行修正。

①恢复原状、采取补救措施，消除环境影响；

②停止违法行为，采取补救措施，环境影响部分消除；

③停止违法行为，采取补救措施，但环境影响无法消除；

④未采取补救措施。

第十一章 固定源大气污染物排放现场执法监管异常识别技术

"固定源大气污染物排放现场执法监管的技术方法体系研究"项目课题二、三、四通过可见光多光谱、红外光谱、紫外高光谱、微波辐射计等光谱技术在大气污染物定量反演中的应用研究，建立基于机载、车载光谱设备大气污染物遥测技术体系；通过梳理评估现有的大气污染物检测仪器，筛选满足现场执法条件的便携式仪器设备，建立典型固定污染源的标准化、规范化的现场快速检测方法体系。

第一节 异常区识别技术

一、机载可见光识别技术

污染源违规/超标排放识别与提取主要基于机载可见光影像，从应用领域与成熟度角度来看，高分辨率单反相机应用最为成熟，且影像质量稳定、可靠，同时，单反相机与无人机平台集成的应用也趋于成熟。单反相机具有空间分辨率高，能够满足污染源污染物颜色、纹理、形状特征的辨别的特点。因此，选择佳能 5D Mark III相机作为可见光载荷（图 11-1），其分辨率为 570×3 840，传感器尺寸为 36 mm×24 mm，重量小于 5 kg。

图 11-1　机载可见光载荷外观

大气污染源可见光载荷监测覆盖区域范围大，同时，可见光载荷质量较重，针对这一需求，选用 ASN-216 固定翼无人机（图 11-2），其系统基本组成包括无人机平台、航空电子、数据链、地面站等，可携带数码相机、摄像机等设备进行空中监视、照相，系统地面站具有视频和测控信息记录与回放功能，无人机平台采用轮式滑跑起降，车载助推和伞降。

图 11-2　ASN-216 无人机外观

根据污染源违规/超标排放识别与提取无人机现场执法研究目标，选取具有典型性与代表性的大气污染源行业，并筛选污染源类型丰富的区域作为试验区，选取了河北省邯郸市武安市作为试验区。试验飞行区域示意如

图 11-3 所示。

图 11-3　武安市大气污染源违规/超标排放识别和提取区域

注：图中 ▢ 框选区域为工厂，即重点研究区；▢ 框选区域为无人机数据采集区域。

　　通过观察烟羽的颜色和灰度对固定源是否存在违规排放进行判别。烟气在烟囱口排入大气的过程中因温度降低，烟气中部分气态水和污染物会发生凝结，在烟囱口形成雾状水汽，雾状水汽会因天空背景色和天空光照、观察角度等原因发生颜色的细微变化，形成"有色烟羽"，通常为白色、灰白色或蓝色等颜色。可据此烟羽形成机理，根据烟羽的颜色对烟囱是否违规排放进行初步判别。对于疑似超标排放的烟囱，需进一步利用目视解译，烟羽拖尾越长，意味着细颗粒质量浓度越高。对此由具有资质的观察者用目视观察来测定固定污染源排放烟气是否符合大气污染物排放标准。

二、机载紫外高光谱的 SO_2 浓度定量反演技术

SO_2 浓度的监测主要包括电、化学方法和光学光谱学方法，其中光学方法特别是光谱学测量方法具有测量精度高、稳定性好、成本低、操作简单等优点。选用固定翼无人机搭载紫外光谱仪，基于 DOAS 算法原理对 SO_2 浓度进行定量反演，可充分发挥无人机遥感与紫外光谱仪监测技术的优势，能够定量反演监测区域上空 SO_2 柱浓度信息，从而推断出 SO_2 浓度是否超标排放，实现对固定源大气污染物 SO_2 浓度指标的低空监察。

选取稳定性强的 YC-5 型无人机搭载紫外光谱仪如图 11-4 所示。将紫外光谱仪集成在 YC-5 无人机机舱内，如图 11-5 所示。

图 11-4　紫外光谱仪载荷

图 11-5　中型固定翼无人机搭载紫外光谱仪集成

在武安市开展了机载紫外高光谱的 SO_2 浓度定量反演试验，研究区的航线规划如图 11-6 所示。

图 11-6 武安市大气污染源固定源机载紫外光谱 SO_2 无人机现场执法试验区域

无人机降落后，导出拍摄的紫外光谱及 POS 点数据。对 POS 数据进行插值校正，如图 11-7 所示。随后采用构建的 SO_2 反演技术方法，提取重点试验区域的 SO_2 浓度分布。

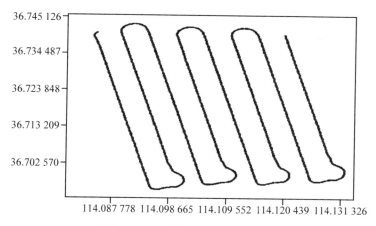

图 11-7 无人机 POS 数据轨迹

技术的应用研究表明，机载紫外光谱仪能够有效监测 SO_2 浓度的空间分布情况，监测结果与污染物排放状况基本一致。能够成功提取污染气体 SO_2 浓度，为重点工业园区大气污染源监察执法提供了有效的技术支撑。

目前，国内大气环境中的 SO_2 浓度监测主要基于地面监测站获取，得到的数据主要是地表的 SO_2 浓度，而近地表的 SO_2 浓度分布状况却难以获悉，此外，卫星遥感技术监测 SO_2 浓度分辨率较低，不适用于小尺度（如工业园区）的监察执法应用。本书研究的机载紫外高光谱的 SO_2 浓度定量反演技术，在国内较早采用无人机遥感技术定量反演 SO_2 浓度，并在国内生态环境监察执法工作中得到了有效验证。该技术方法可以用于快速定量反演小尺度上 SO_2 浓度空间分布状况，是对地面监测和卫星遥感的有效补充，能够更为迅捷地发现疑似污染源；同时，通过结合气象、地形等信息，能够预测 SO_2 扩散过程与范围，对今后的 SO_2 浓度监察执法将起到有力的推动作用。

三、机载红外光谱的温度反演技术

由于热红外技术涉及军事领域的部分应用，高性能、高精尖的红外光谱仪受到欧美等国的技术封锁，致使国内能买到的红外光谱仪性能指标远远落后于国外，限制了其应用。同时，国内市场上能够买到的红外光谱仪主要是红外摄像机，仅能获取视频影像，难以开展实地定标验证，也不能应用于温度定量监测；此外，市场销售的成像红外光谱仪功能有限，仅能拍摄单张照片，不能对成片的、大面积的污染源区域进行成像。为摆脱目前红外光谱仪的限制，针对污染源温度现场监察执法需求，调研国内相关红外光谱载荷，最终选择光电球头和红外摄像机作为无人机红外载荷。

污染源排污口温度监测载荷选取光电球头和红外摄像机，平台选用小型固定翼无人机平台。光电球头是一款小型近程红外光电侦察系统，如图 11-8 所示，可实现全天时、高分辨、手动/自动/程控等多种跟踪方式，能在昼夜间对目标进行实时监测。

图 11-8 光电球头外观

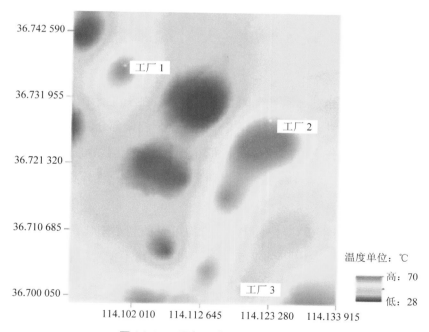

图 11-9 研究区域总体温度空间分布

从图 11-9 中可以看出，工厂 3 温度偏低，与周围温度相近，甚至低于周围环境温度；工厂 1 和工厂 2 温度偏高，周围温度偏低。在试验过程中，工厂 1、工厂 2 经实地考察处于污染物大量排放状态；而工厂 3 排污设备处于运行状态，达标排放污染物，因此反演得到的温度较低。由此，通过对比两组区域的温度分布状况，更为全面地测试红外热像无人机定量监测能力。

污染源温度监测主要分为排污口温度和环保设施温度监测两个方面，排污口温度监测用于检验是否存在排污现象，如果排污口温度高于周边环境，则证明排污口有气体排出，可能存在排污现象；而环保设施温度监测则可以间接反映环保设施运行状况，如环保设施温度与周边环境相同，则证明环保设施未开启，此时，污染源必定在排污。同时，机载红外光谱仪能够获取高精度的热红外影像，便于反演并监测企业内环保设施温度，能够准确反映固定源大气污染源与周边环境的温度差异，由此间接反映环保设施的运行状态，基于此优势，机载红外光谱仪还可适用于夜间监测固定源大气污染源偷排行为，对于推动夜间监察执法具有一定的促进作用。

四、基于小微型无人机遥感的大气污染源"批建一致性"异常识别技术

大气污染源"批建一致性"的监测需求主要在于高清晰度的现场可见光数据采集，另外热红外数据可以在一定程度上辅助部分温度异常的气体排放点的识别。因此在载荷选择上，"批建一致性"监测以可见光相机或摄像机作为主要载荷，在成本允许的情况下，可以配合热红外相机或摄像机作为补充载荷。

由于可见光相机或热红外相机目前均可以做到小型化，重量不超过 200 g 的产品已做到商业化水平，因此无人机平台可不把大载重作为必要选项。由于大部分建设项目面积均在 5 km² 以下，且绝大多数面积在 1 km² 以下，长航时和高速度也并非必要选项。同时基于安全性、低成本、易起降、易操作和维护的考虑，"批建一致性"监测最适宜采用的机型是多旋翼无人机，该机型还可以随时悬停，按需查看，满足执法监测机动灵活的需求。但是在区域性监测或大型企业监测时，固定翼仍然是必不可少的选择，特别是手抛型或垂直起降固定翼无人机，便于携带且对起降场地要求低，是

固定翼机型中较为轻便灵活的一种。因此在无人机平台的选择上,"批建一致性"监测以多旋翼无人机作为主要载体,此外可以配合以手抛型或垂直起降固定翼无人机作为补充。

大气污染源"批建一致性"现场执法检查应当收集待检查企业的厂界、平面布置、废气排放口的相关资料,主要来源包括但不限于排污许可证、环境影响评价报告书、其他载明企业废气排放口的有效材料。

基于小微型无人机的大气污染源"批建一致性"现场执法检查还应当了解企业周边地理环境、天气情况,周边是否存在机场、军事及敏感目标等。基于小微型无人机开展大气污染源"批建一致性"监测,需要满足的基本条件包括作业区域、气象和企业申报/审批大气排放口信息完整度 3 个方面,其中作业区域应当具备无人机航行的条件,即可实现空域的申请或在许可空域之内;基本的气象条件为:满足无人机航行要求(试验所使用的机型要求为无雨、风力小于 5 级、温度不低于−10℃)、天气晴朗(能见度优于 2 km);企业申报/批复大气排放口信息完整度方面,要求能够明确企业合法的大气排放口编号和位置信息(水平 5 m 以内相对精度),如可能需收集大气排放口的高度、口径和所属工段信息。

项目组在天津市和江苏省多次开展了试验验证,其中,在江苏省某涉及企业现场基于小微型旋翼无人机设备,在 30～120 m 航高范围内实施 7 架次飞行,累计飞行时间 200 min,获取 10 cm 分辨率企业正射影像图及照片资料一套。其中用于正射影像的获取时间为 150 min,用于全景资料的数据获取时间为 50 min。本次工作开展初期,企业主动告知排污许可证标示厂区内存在多个厂房和排口属于另一家企业(根据航拍结果确认为 14 个),另因环保交叉检查的工作意见,新增危废处理车间排气筒 1 个。根据航拍和现场征询结果,共发现企业存在大气污染物排放口 3 个,其中 1 个与申报/审批信息不符:该排放口为企业告知的危废处理车间排气筒。

五、车载 DOAS 技术

以光学遥感技术的观测平台为基础,建立车载被动 DOAS 遥测技术,可实现快速遥测固定源的 NO_2、SO_2 等排放通量。

（一）快速切换固态双光路系统

绝对柱浓度的高灵敏探测以及车载条件下光谱及姿态稳定性，是目前车载被动 DOAS 遥测的技术难题之一。在系统平台设计了快速切换的固态双光路系统，可以扣除平流层及背景干扰，并通过快门为主的微秒级光路切换设计，提高探测的灵敏度和精度。通过增加温度控制单元设计，提高车载条件下光谱及姿态稳定性，从而控制光谱噪声、提高探测精度。

实现车载双光路设计及微秒级切换。增加了 30°低仰角的观测，对对流层痕量气体具有较高的灵敏度，提高二氧化氮、二氧化硫的探测限，且能够拓展痕量气体探测的种类，使得探测亚硝酸、二硫化碳等污染物种类成为可能。采用了 90°仰角和 30°仰角固定同步观测的方式，即光谱采集单元采用了同一微型光纤光谱仪，"Y" 形光纤将两路光信号导入同一光谱仪中，减少不同光谱仪之间的差别。同时采用以快门为主的光路切换装置，实现了两个光路之间的微秒级切换，如图 11-10 所示。

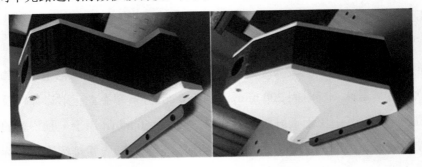

图 11-10　导光系统的外形示意

增加温度控制系统。设计了利用柔性加热片，基于 PID 算法进行温度控制，整个温度稳定单元由空气温度热敏电阻、冷却板温度热敏电阻、散热器风扇、加热片以及密封盒等组成，如图 11-11 所示。温度控制系统对光谱噪声有较好的抑制，有利于提高反演精度，约提高 7.8%。

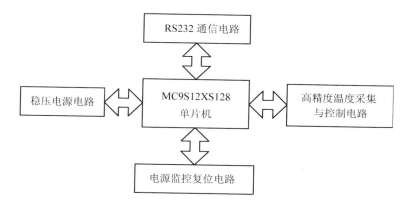

图 11-11　温控系统主要单元结构

（二）车载被动差分吸收光谱技术（DOAS）系统平台优化

针对车载遥测系统高时空分辨率的特点，在软件系统设计主要实现线阵电感耦合器件（Charge Coupled Derice，CCD）数据的实时读取以及反演算法的优化，采用非线性拟合算法实现光谱的实时处理。对系统的软件进行了完善优化，将功能整合为四大模块：光谱采集、在线反演、离线反演和 3D 显示，详见图 11-12、图 11-13。

光谱采集模块主要是监控光谱仪连接、GPS 及光路切换装置的状态，检查光谱采集是否正常。提供了航向及车速信息，提高即视感。整个软件界面具有光强自动判断、积分时间自动调整等功能。在线反演模块重在突出实时反演、数据的可视化。实现了 30°仰角和 90°仰角下的 SO_2 和 NO_2 的斜柱浓度在线反演，增加了光强的显示，便于实时了解光谱的信息。除图形显示方式外，增加了列表显示，列表显示的信息增加了经纬度、车速、开始和结束时间、航向等信息。离线反演模块主要是实现 30°仰角的斜柱浓度反演，重新选择浓度最低的 90°仰角的值作为参考谱，对整个测量时间段内的光谱进行重新反演，获得浓度的修正值。

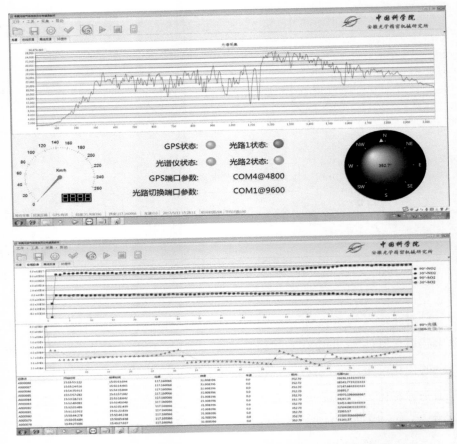

图 11-12 光谱采集（上）、在线反演模块（下）软件界面

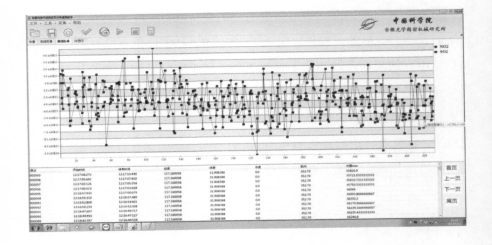

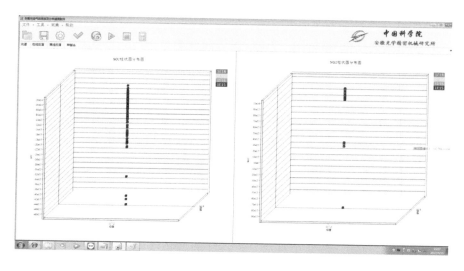

图 11-13　离线反演模块（上）、3D 显示（下）软件界面

研究测量设备性能检测和校验方法，设计实验室测试评估系统，对车载 DOAS 仪器的性能指标进行检测以及校验。实验室经过多次测试，得到 NO_2 和 SO_2 的最小检测限分别为 1.0 ppm 和 0.8 ppm，反演误差优于 5%。经过第三方机构检测，认定研究优化的车载被动的 DOAS 系统的最低检测限 NO_2 和 SO_2 的最小检测限分别为 1.0 ppm 和 0.8 ppm，反演误差为 3.8%。

（三）车载 DOAS 排放通量遥测误差控制与修正

车载 DOAS 遥测技术的精度，除受仪器本身性能的影响外，风场、车速、距离等外场因素的误差影响也是非常大的。针对此问题，研究了控制误差的适宜观测条件以及误差修正方法。即通过系统仿真模拟和外场观测研究车载 DOAS 污染气体排放通量误差的影响因素。基于高斯烟羽扩散理论，建立车载 DOAS 气体排放通量遥测实验数学模型，通过仿真方法研究气体排放通量误差。通过计算系统仿真定量分析不同因素对排放通量误差的影响，建立误差因素查询表。选择干扰因素少的单一点源（安徽某电厂）进行外场观测试验，进一步研究误差影响因素。综合模拟仿真和外场观测实验结果，确定车载 DOAS 走航观测的最佳观测条件。仿真结果表明，在不同的距离差下，通量误差随着距离差增加而增大，即随着车速的增加而增大，当车速为 30～40 km/h 时通量误差和观测效率达到最佳，NO_2 和 SO_2 仿真误差在 20%以下；受扩散的影响，随着观测距离的增加，气体扩散范围越广，浓度越低，最终导致车载 DOAS 无法探测，由风场扩散引起的通量误差逐渐增大，排放源强在 100 g/s 以下时推荐观测距离 100～1 000 m，源强高于 100 g/s 时，推荐观测距离 200～3 000 m。在不同风速下，风速越大，气体浓度越低，车载 DOAS 可有效探测的通量就越少，引起系统误差的增大，风速为 1～8 m/s 时，合适的观测距离下，仿真的通量误差从 10%增加到 45%，为降低扩散影响，选择合适的观测风速为 1～3 m/s。

电厂外场观测实验结果显示，在合适的观测风速下，随着汽车速度增加，SO_2 和 NO_x 排放通量误差先下降后上升。SO_2 误差在 30 km/h 时最低为 14.49%，NO_x 排放通量误差在 40 km/h 时下降至最低为 10.82%。随着距离增加，误差先降低后升高，距离大于 1 000 m 时误差会进一步升高，此源强下，超过 1 000 m 不适合观测，当点源强度较高时，其可观测的距离会更远。外场试验的车速和距离的误差分析结果与系统仿真结果一致。

车载 DOAS 技术解决了工业区污染源气体排放通量的快速获取的精度问题，研发的系统为工业园区点源、面源、无组织源排放监测监管提供了新的技术手段。

第二节　入场监测技术

一、便携式颗粒物监测技术

（一）β射线法固定源无组织颗粒物快速便携式检测仪器

β射线测量颗粒物浓度的方法同样也是一种"重量法"。该方法是利用β射线衰减的原理，环境空气由采样泵吸入采样管，经过滤膜后排出，颗粒物沉淀在滤膜上，当β射线通过沉积着颗粒物的滤膜时，β射线的能量衰减，通过对衰减量的测定便可计算出颗粒物的浓度。

样品进入仪器（图 11-14）主机后颗粒物被收集在可以自动更换的滤膜上。在仪器中滤膜的两侧分别设置了β射线源和β射线检测器。随着样品采集的进行，在滤膜上收集的颗粒物越来越多，颗粒物质量也随之增加，此时β射线检测器检测到的β射线强度会相应地减弱。由于β射线检测器的输出信号能直接反映颗粒物的质量变化，仪器通过分析β射线检测器的颗粒物质量数值，结合相同时段内采集的样品体积，最终得出采样时段的颗粒物浓度。

图 11-14　β射线法固定源无组织颗粒物快速便携式检测仪器

与传统方法不同，设备采用β射线原理，可以快速直读颗粒物检测浓度，无须带回实验室进行手工称重。监测效率更高，执法快捷，具有时效性。设备体积小巧、轻便，方便外出执行携带。自带锂电池，执行过程不需外接交直流电，可以应对复杂的执法现场环境，详见表 11-1。

表 11-1　β射线法固定源无组织颗粒物快速便携式检测仪器与标准法比较

主要参数	标准法	便携式监测仪器
原理	滤膜称重	β射线原理
数据	现场采样，实验室分析数据	现场采样直读数据
测量周期	2.5 d	15～60 min
材料	滤膜	纸带
采样	难以实现连续采样监测	满足连续监测要求

（二）β射线法固定源有组织颗粒物快速便携式检测仪器

β射线测量颗粒物浓度的方法同样也是一种"重量法"。该方法是利用β射线衰减的原理，环境空气由采样泵吸入采样管，经过滤膜后排出，颗粒物沉淀在滤膜上，当β射线通过沉积着颗粒物的滤膜时，β射线的能量衰减，通过对衰减量的测定便可计算出颗粒物的浓度。

测试仪的微处理器测控系统根据各种传感器检测到的静压、动压、温度及含湿量等参数，计算出烟气流速、等速跟踪流量，测控系统将该流量与流量传感器检测到的流量相比较，计算出相应的控制信号，控制电路调整抽气泵的抽气能力，使实际流量与计算的采样流量相等。同时微处理器用检测到的流量计前温度和压力自动将实际采样体积换算为标况采样体积。

图 11-15 β射线法固定源有组织颗粒物快速便携式检测仪器

仪器详细技术参数如表 11-2 所示。

表 11-2 β射线法固定源有组织颗粒物快速便携式检测仪器与标准法比较

主要参数	标准法	便携式检测仪器
检测时间	2 d	1.5 h
人力消耗	从采样到测试需要多人完成	仅需 2 人
操作	操作复杂，需要使用多种仪器测定各类参数	一台主机搭配不同采样管即可完成测试，操作简单

便携式颗粒物监测技术适用于固定源有组织排放和无组织排放的多种污染源的颗粒物现场自动监测以及污染泄漏事故的应急监测的需求，可根据测定的浓度值与各排放标准中规定的阈值进行对比判断超标情况。重点解决了β射线穿透法在用于固定源颗粒物快速检测中的浓度高、易堵塞、环境复杂等适用性问题，通过独特设计的β射线源和探测器，增大检测量程和颗粒物截留面积；通过全程伴热管线、动态加热等方法降低了湿度和滤膜带来的干扰。仪器在青岛市计量院进行了计量认证，认证结果表明本仪器达到了预期指标。并在天津、临汾、徐州等地进行了应用示范，产品已经开始在赤峰、广西等地进行了销售及应用。随着我国对于固定源排放颗粒物限值的进一步降低，环境监管力度的进一步加强，此类可以应用于现场的固定源颗粒物便携式检测仪器会得到更大规模的推广应用。

二、固定源便携式低浓度气体组分紫外快速检测

针对我国大气污染源现场执法尚缺乏一些便携式快速检测方法和设备的问题，开展国内外便携式低浓度污染气体快速检测设备及监测方法调研，集成研发适用于我国低浓度污染气体排放监测的便携式快速检测设备。利用所研制的便携式低浓度污染气体快速检测设备，开展实测实验，研究适用于我国污染源特点的低浓度多组分污染气体便携式紫外现场快速检测方法，满足对钢铁、火电、石化等行业 SO_2、NO_2、苯、甲苯等排放低浓度多组分气体厂界、无组织排放的现场监测需求。

基于紫外光谱的低浓度多组分现场检测通过紫外便携技术和多组分干扰消除的拟合算法核心技术，解决在复杂背景条件、不同气体光谱之间的交叉干扰问题，确保研发设备在复杂组分混合环境中能够准确获取污染气体浓度，实现对 SO_2、NO_x、苯和甲苯等多组分污染物的高精度和高稳定性的在线测量，满足对火电、钢铁以及石化等行业的厂界无组织排放、泄漏及应急和监督性监测需求。

便携式低浓度气体多组分快速检测设备由光学部分、电子学部分以及气路部分组成。光学部分包括高稳定紫外光源单元、紫外多次反射池、光

纤、光纤光谱仪等。电学部分由电源、信号采集和处理单元等组成。气路部分由过滤装置、采样管线及气泵组成。

系统采用氘灯作为光源，光谱范围覆盖 SO_2、NO_2、苯和甲苯等污染物紫外波段的主要吸收峰。为了保护氘灯并延长氘灯的使用寿命，设计了相应的散热装置，用于减少杂散光、稳定光源系统。为了获得较好的光束质量，采用定制的紫外光学镜头实现紫外光源准直，以提高光束的准直性和光斑的均匀性。

系统利用多次反射池来增加光程，达到现场探测所需的灵敏度。气体吸收光程为 11.2 m，镜子表面镀有宽带紫外高反射膜。紫外微型光纤光谱仪采用 CT 装置的光谱仪结构。氘灯光源、多次反射池及光谱仪实物见图 11-16。

图 11-16 固定源便携式低浓度气体多组分快速检测设备各部分实物

考虑到测量气体的吸收主要位于紫外波段，系统探测组件采用具有较高量子效率的紫外背照增强型 CCD 探测器，适合在微弱光条件下的应用。数据处理显示单元主要由工控机、显示组件等组成，用于完成数据采集、传输、处理和存储。系统电源采用定制方案，可以为整个系统提供稳定、可靠的多路输出。过滤装置使用两级过滤器，过滤的粒径为 0.22 μm。气体经过过滤器过滤后进入仪器内部，气泵为整个气路的流动提供动力，限流小孔可以保证整个多次反射池内气体气压的稳定。气泵放置在进气端，以保证怀特池内气体的压力为正压，确保气体均通过进气气路进入多次反射池内。

适用于包括气体泄漏、无组织排放、烟气排放等多种污染源、多种有害污染气体的现场自动监测以及污染泄漏事故的应急监测的需求，可根据测定的浓度值与各排放标准中规定的阈值进行对比判断超标情况。

三、基于X射线荧光光谱测定法（XRF）含铅废气快速检测

依托市场上已有的全自动烟尘采样器（包含了低浓度采样枪、采样头、气体计量系统等）和XRF检测仪器，对低浓度采样枪、采样头和XRF检测仪器的硬件进行改进，如图11-17所示，同时对XRF检测仪器的软件进行优化，建立应用的"面密度法"，实现在企业现场对颗粒态铅及其化合物浓度的直读，直读结果与标准值进行比对后可判断铅及其化合物是否达标排放，可满足企业自行监测和生态环境执法部门的监督执法要求。

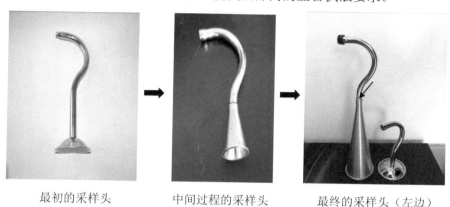

最初的采样头　　　　　　中间过程的采样头　　　　　最终的采样头（左边）

图11-17　采样头的改进过程

采样头的改进：研究中最初的采样头得到的采样膜面不均匀，对其进行改进，实现了采样膜面样品的均匀性，如图11-18所示。

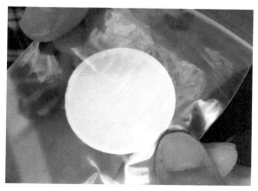

图11-18　最初（左）、最终（右）的采样膜采样结果

对 XRF 检测仪器进行硬件和软件的优化：利用采购的已知浓度值的标准样品膜（图 11-19），建立标准工作曲线（图 11-20），界面输入标况采样体积后，可直接输出铅及其化合物的浓度。

图 11-19　标准膜

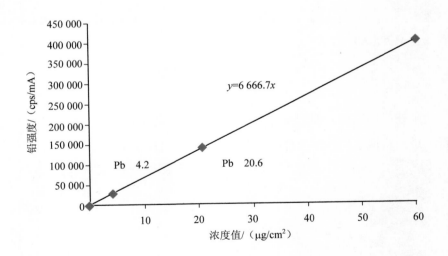

图 11-20　采用标准膜绘制工作曲线

此套便携式直读设备，可广泛应用于涉重行业含铅废气的现场快速检测：既可以用于涉重行业企业含铅废气的自行监测，可为涉重行业含铅废气污染防治提供有效便捷的检测工具；也可以用于生态环境执法部门对涉重行业企业含铅废气的监督执法监测。

第三节　移动执法取证系统技术

基于各类环境移动执法工作需求，重点解决现阶段各类移动执法系统的不足，研究开发新一代大气污染物排放执法监管系统，满足不同级别生态环境执法部门对不同行业排污企业大气污染物违规排放行为的现场监督取证需求，巩固提升环境监察管理效能，最终实现改善大气环境质量的目标。针对不同污染源大气污染监督执法需求，有机组合了异常区机载、车载遥测、便携式入场监测技术以及数据信息技术，形成大气污染测试取证车载工具包，该工具包由必选基础工具包和对应不同行业测试需求而设计的扩展工具包组合而成，通过必选和可选的组合能够满足不同级别生态环境执法部门对不同行业排污企业大气污染物违规排放行为的现场监督取证的需求。从而解决现场取证手段不足问题，实现监测设备数据实时接入；解决执法目标确定困难问题，实现区域异常区识别与异常企业锁定；解决违法行为无法快速判定问题，实现违法与处罚智能判定；解决执法软件智慧决策辅助功能欠缺问题，实现智慧执法指挥。

一、清单式执法取证

清单式执法取证主要通过询问式执法的方式实现，询问式执法的主要内容为清单式执法。APP 端执法清单为现场执法的环节之一，根据不同行业的执法要求编制相应的清单，供执法过程中采用。执法清单均可实现实时打印的功能，使执法过程更加专业和便捷。

（一）设计思路

为了使执法人员现场执法目标明确、执法流程合理、执法记录便捷，在系统设计上制定了"清单式执法"功能，执法清单的检查内容重点针对企业环保规范性审查、设施运行情况审查等。由于不同行业现场检查重点不同，根据项目特点，本项目优先完成了钢铁、石化、铅蓄电池、再生铅四个行业的现场执法清单。清单在制定过程中综合了现行各类执法系统的现场执法模块优势，同时，分行业邀请20余位行业专家，对清单进行指导论证，最终形成《钢铁行业现场执法清单》《石化行业现场执法清单》《铅蓄电池行业现场执法清单》《再生铅行业现场执法清单》《其他行业现场执法清单》。

分行业执法清单明确了执法人员现场检查重点，检查内容暗含执法流程，便于执法人员根据不同执法任务开展现场执法工作，对于执法经验不足、执法业务水平欠缺的执法人员也可有效引导。同时，系统提供对执法结果和违法情况的智能总结与判定，自动生成执法记录单，提高执法效率。

各类执法清单主要按照排污许可证执行情况、排气筒与采样平台设置情况、大气污染防治设施建设运行情况、自动监测情况等进行设置。

排污许可证执行情况审查：①总体情况（包括排污单位排污许可证申报情况、排污口情况、年度报告、季度报告报送情况等）；②执行报告规范性；③自行监测开展情况；④治理设施运行台账。

排气筒与采样平台设置情况：①排气筒规范化情况；②采样平台规范化情况。

大气污染防治设施建设运行情况：①有组织污染防治设施建设运行情况；②无组织污染防治设施建设运行情况；③清洁运输设施建设运行情况。

自动监测情况：①污染源自动监测设施现场端建设规范化情况；②自动监测设施运行情况。

相关行业企业现场检查记录单见表11-3～表11-7。

（二）钢铁行业

表 11-3　钢铁企业现场检查记录单

企业名称：　　　　　　　　　　　　企业地址：

检查日期：　　　　　　　　　　　　检查人员：

类别	内容	序号	判断依据	是	否	备注说明
排污许可证执行情况	总体情况	1	排污单位是否按时进行排污申报，是否按时申领、更换排污许可证			
		2	是否具有年度执行报告、季度执行报告			
		3	是否有通过未经许可的排放口排放污染物的行为			
		4	污染物排放浓度和排放量是否满足标准和总量控制的要求			
		5	废气收集处置设施及在线监测设施等是否满足运行规程要求			
		6	是否存在法律禁止的无组织排放行为			
		7	是否落实了减排、限产等相应任务			
		8	运行台账是否记录齐全			
		9	是否制定应急预案并落实			
	执行报告是否规范	10	季度执行报告和月度执行报告（如有）是否包括根据自行监测结果说明污染物实际排放浓度及达标判定分析			
		11	季度执行报告和月度执行报告是否包括排污单位超标排放或者污染防治设施异常情况的说明			
		12	年度执行报告是否包含以下内容：①排污单位基本生产信息；②污染防治设施运行情况；③自行监测执行情况；④环境管理台账记录执行情况；⑤信息公开情况；⑥排污单位内部环境管理体系建设与运行情况；⑦其他排污许可证规定的内容执行情况等			
	自行监测部分	13	自行监测方案是否满足行业自行监测技术规范的要求			
		14	自行监测承担部门是否具备所承担部分监测指标的资质			
		15	监测报告是否符合相关要求			

类别	内容	序号	判断依据	是	否	备注说明
排气筒设置	排气筒设置	16	废气排放口是否满足《排污口规范化整治技术要求》			
		17	烧结机头、机尾，高炉出铁场、矿槽，热风炉，转炉一次、二次烟气，热处理炉等主要排气筒的设置是否与环评批复文件一致，排气筒位置设置是否规范			
		18	排放口标志牌设置是否符合《环境保护图形标志》（GB 15562.1—1995）规定			
采样平台设置	采样平台设置	19	采样平台是否设置规范，是否符合采样需求			
大气污染防治设施	有组织源大气污染防治设施	20	烧结（球团）、炼铁、炼钢、轧钢等生产工序在废气排放前是否建设完备的除尘系统，是否达到国家或地方排放浓度标准或年度排放量限值，除尘器是否定期维护、保持密封性，除尘设施产生的废水、除尘灰是否得到妥善处理、处置，避免二次污染			
		21	烧结（球团）工序是否建设有符合国家或地方标准要求的脱硫系统，是否达到国家或地方排放浓度标准或年度排放量限值，脱硫设施的历史运行记录是否正常，脱硫设施产生的废水、废渣是否得到妥善处理、处置，避免二次污染			
		22	热风炉是否采取了控制二氧化硫排放的措施（如从源头控制等），是否达到国家或地方排放浓度标准或年度排放量限值			
		23	热处理炉是否采取了控制二氧化硫排放的技术和设施，是否达到国家或地方排放浓度标准或年度排放量限值			
		24	烧结（球团）工序、热风炉、热处理炉是否采取了控制氮氧化物排放的技术和设施，是否达到国家或地方排放浓度标准或年度排放量限值			
		25	是否采取可燃性气体的回收利用措施			
		26	轧钢涂层机组是否建设了有机废气处理系统，处理系统运行是否正常			

类别	内容	序号	判断依据	是	否	备注说明
大气污染防治设施	无组织源大气污染防治设施——物料储存	27	除尘灰、脱硫灰、粉煤灰等粉状物料，是否采用料仓、储罐等方式密闭储存			
		28	铁精矿、煤、焦炭、烧结矿、球团矿、石灰石、白云石、铁合金、钢渣、脱硫石膏等块状或黏湿物料，是否采用密闭料仓或封闭料棚等方式储存			
		29	其他干渣堆存是否采用喷淋（雾）等抑尘措施			
	无组织源大气污染防治设施——物料输送	30	除尘灰、脱硫灰、粉煤灰等粉状物料，是否采用管状带式输送机、气力输送设备、罐车等方式密闭输送			
		31	铁精矿、煤、焦炭、烧结矿、球团矿、石灰石、白云石、铁合金、高炉渣、钢渣、脱硫石膏等块状或黏湿物料，是否采用管状带式输送机等方式密闭输送，或采用皮带通廊等方式封闭输送；确需汽车运输的，是否使用封闭车厢或苫盖严密，装卸车时是否采取加湿等抑尘措施			
		32	物料输送落料点等是否配备集气罩和除尘设施，或采取喷雾等抑尘措施			
		33	料场出口是否设置车轮和车身清洗设施			
		34	厂区道路是否硬化，并采取清扫、洒水等措施，保持清洁			
	无组织源大气污染防治设施——生产工艺过程	35	烧结、球团、炼铁等工序的物料破碎、筛分、混合等设备是否设置密闭罩，并配备除尘设施			
		36	烧结机、烧结矿环冷机、球团焙烧设备，高炉炉顶上料、矿槽、高炉出铁场，混铁炉、炼钢铁水预处理、转炉、电炉、精炼炉等产尘点是否可确保无可见烟（粉）尘外逸			
		37	高炉出铁场平台是否封闭或半封闭，铁沟、渣沟是否加盖封闭；高炉炉顶料罐均压放散废气是否采取回收或净化措施			
		38	炼钢车间是否封闭并设置屋顶罩并配备除尘设施			
		39	废钢切割是否在封闭空间内进行，设置集气罩，并配备除尘设施			
		40	轧钢涂层机组是否封闭，并设置废气收集处理设施			

类别	内容	序号	判断依据	是	否	备注说明
大气污染防治设施	大宗物料产品清洁运输	41	进出钢铁企业的铁精矿、煤炭、焦炭等大宗物料和产品是否80%以上使用铁路、水路、管道或管状带式输送机等清洁方式运输；达不到的，汽车运输部分是否全部采用新能源汽车或达到国六排放标准的汽车（2021年年底前可采用国五排放标准的汽车）			
自动监测情况	污染源自动监测设施现场端建设规范化情况	42	污染源自动监测设施是否符合建设规范要求			
	运行情况	43	污染源自动监测设施是否发生变化，发生变化是否备案、验收			
		44	污染源自动监测设施运行、维护、检修、校准校验记录是否符合规范要求			
		45	监测仪器设备的名称、型号是否与各类证书相符合，与报告、备案说明一致			

（三）石化行业

表 11-4　石化企业现场检查记录单

企业名称：　　　　　　　　　　企业地址：

检查日期：　　　　　　　　　　检查人员：

类别	内容	序号	判断依据	是	否	备注说明
排污许可证执行情况	总体情况	1	排污单位是否按时进行排污申报，是否按时申领、更换排污许可证			
		2	是否具有年度执行报告、季度执行报告			
		3	是否有通过未经许可的排放口排放污染物的行为			
		4	污染物排放浓度和排放量是否满足标准和总量控制的要求			

类别	内容	序号	判断依据	是	否	备注说明
排污许可证执行情况	总体情况	5	废气收集处置设施及在线监测设施等是否满足运行规程要求			
		6	是否存在法律禁止的无组织排放行为			
		7	是否落实了减排、限产等相应任务			
		8	运行台账是否记录齐全			
		9	是否制定应急预案并落实			
	执行报告是否规范	10	季度执行报告和月度执行报告（如有要求）是否包括根据自行监测结果说明污染物实际排放浓度及达标判定分析			
		11	季度执行报告和月度执行报告是否包括排污单位超标排放或者污染防治设施异常情况的说明			
		12	年度执行报告是否包含以下内容：①排污单位基本生产信息；②污染防治设施运行情况；③自行监测执行情况；④环境管理台账记录执行情况；⑤信息公开情况；⑥排污单位内部环境管理体系建设与运行情况；⑦其他排污许可证规定的内容执行情况等			
	自行监测部分	13	自行监测方案是否满足行业自行监测技术规范的要求			
		14	自行监测承担部门是否具备所承担部分监测指标的资质			
		15	监测报告是否符合相关要求			
现场技术核查	有组织源大气污染防治设施	16	是否建设除尘系统，除尘器是否得到较好的维护，保持密封性，除尘设施产生的废水、废渣是否得到妥善处理、处置，避免二次污染			
		17	是否建设脱硫系统，脱硫设施的历史运行记录是否正常，脱硫设施产生的废水、废渣是否得到妥善处理、处置，避免二次污染			
		18	是否采取了控制氮氧化物排放的技术和设施			
		19	是否采取可燃性气体的回收利用措施			
		20	是否建设了有机废气处理系统，处理系统运行是否正常			

类别	内容	序号	判断依据	是	否	备注说明
现场技术核查	有组织源大气污染防治设施	21	火炬系统设备设施是否完好且投入使用			
		22	火炬系统是否具备回收排入火炬系统的气体和液体的措施			
		23	是否开展火炬气连续监测			
	无组织源大气污染防治设施	24	设备表面是否存在可见泄漏,如跑冒滴漏、异常声音、散发异味等			
		25	对挥发性有机物泄漏点的修复是否有效			
		26	是否对可散发挥发性有机物的运输、装卸、贮存实施环保防护措施			
		27	装卸过程是否按要求采取了顶部浸没式、底部装载方式、全密闭装载方式并设置油气收集、回收处理装置			
		28	是否存在密封措施老化或密封点有泄漏等问题			
		29	球罐、固定顶罐、外浮顶罐、内浮顶罐等是否对呼吸尾气进行收集处理			
		30	废水收集处理系统的收集系统、隔油浮选系统、生化系统是否采取了有效的密闭收集处理措施,是否采用废气处理措施,并有效、稳定运行			
		31	是否进行过符合环保要求的企业边界监测,无组织排放是否符合相关环保标准的要求			
自动监测情况	设施规范化情况	32	污染源自动监测设施是否符合建设规范要求			
	运行情况	33	污染源自动监测设施是否发生变化,发生变化是否备案、验收			
		34	污染源自动监测设施运行、维护、检修、校准校验记录是否符合规范要求			
		35	监测仪器设备的名称、型号是否与各类证书相符合,与报告、备案说明一致			

（四）铅蓄电池行业

表 11-5　铅蓄电池企业合规性检查清单

企业名称：　　　　　　　　　　　　企业地址：

检查日期：　　　　　　　　　　　　检查人员：

类别	内容	序号	判断依据	是	否	备注说明
产业政策	产业结构调整指导目录	1	淘汰开口式普通铅蓄电池			
		2	淘汰含镉高于 0.002%的铅蓄电池			
行业准入（规范）条件满足情况	行业准入条件	3	卫生防护距离符合环评标准			
		4	卫生防护距离内无环境敏感点			
		5	未新建、改扩建商品极板生产项目			
		6	未新建、改扩建外购商品极板进行组装的铅蓄电池生产项目			
		7	未新建、改扩建干式荷电铅蓄电池生产项目			
		8	淘汰含有镉含量高于 0.002%（质量百分比）或砷含量高于 0.1%（质量百分比）的铅蓄电池生产能力（产品中含电动助力车电池或电动三轮车电池的，需附极板或板栅，合金镉含量现场随机抽检报告）			
行政许可制度执行情况	环评审批手续	9	取得有审批权的环保行政主管部门的环境影响评价批复			
	"三同时"竣工验收手续	10	完成竣工环保验收并报环保行政主管部门备案			
污染物总量控制情况	总量控制指标完成情况	11	企业排污量符合环评批复或所在地环保行政主管部门分配给该企业的总量控制指标（包括废水和废气中重金属许可排放总量）要求			
排污申报登记、	排污申报登记	12	依法进行排污申报登记			
排污许可证执行情况	排污许可证	13	依法领取排污许可证			

类别	内容	序号	判断依据	是	否	备注说明
主要污染物和特征污染物达标情况	污染物达标排放情况	14	核查企业最近的废气监测报告，监测结果符合《电池工业污染物排放标准》（GB 30484—2013）要求，若有地方标准，需符合地方标准的相关要求			
环境管理制度及环境风险预案落实情况	环境管理情况	15	建立环境保护责任制度，明确单位负责人和相关人员的责任			
		16	落实重污染天气应急措施			
		17	废气处理设施运行维护记录完备			
	环境风险应急情况	18	进行企业环境风险评估			
		19	制定企业环境风险应急预案并通过专家评审和备案			
环境信息披露情况	定期公布环境信息的情况	20	建立环境信息披露制度，定期公开环境信息			
		21	每年向社会发布企业年度环境报告书，公布含重金属污染物排放和环境管理等情况			
废气治理设施情况	废气治理设施设置	22	铅零件制造、制粉、和膏、板栅铸造、灌粉、分片、包片、焊接、化成和充放电等工序配备废气集气罩			
		23	制粉、和膏、板栅铸造、灌粉、分片、包片、焊接等工序配备铅和颗粒物废气治理设施			
		24	化成和充放电工序配备硫酸雾废气治理设施			
	废气治理设施运行	25	废气的收集系统正常运行			
		26	废气的传输系统有效密闭			
		27	袋式除尘器的滤袋完好无破损，电袋除尘滤袋完好			
		28	各污染物治理设施与生产设施同步运转			
		29	各污染物治理设施运行效率达到要求，运行记录完善			
排气筒设置	排气筒设置	30	排气筒的设置与环评批复文件一致、排气筒位置设置规范			
		31	设置符合国家标准《环境保护图形标志》（GB 15562.1—1995）规定的排放口标志牌			
采样平台设置	采样平台设置	32	采样平台规范设置，符合采样需求			

（五）再生铅行业

表 11-6 再生铅企业合规性检查清单

企业名称： 企业地址：
检查日期： 检查人员：

类别	内容	序号	判断依据	是	否	备注说明
产业政策	产业结构调整指导目录	1	淘汰利用坩埚炉熔炼再生铅的工艺及设备			
		2	淘汰 1 万 t/a 以下的再生铅项目			
行业规范条件满足情况	行业规范性条件（参考工信部2013年发布的再生铅行业规范条件）	3	符合国家产业政策和本地区城乡建设规划、土地利用总体规划、主体功能区规划、相应的环境保护规划			
		4	禁止开发区、重点生态功能区、生态环境敏感区、脆弱区、饮用水水源保护区等重要生态区域、非工业规划建设区、大气污染防治重点控制区、因铅污染导致环境质量不能稳定达标区域和其他需要特别保护的区域内新建、改建、扩建再生铅项目			
		5	布局于依法设立、功能定位相符、环境保护基础设施齐全并经规划环评的产业园区内			
		6	厂址与危险废物集中贮存设施与周围人群和敏感区域的距离，应按照环境影响评价结论确定，且不少于 1 km			
		7	废铅蓄电池预处理项目规模应在 10 万 t/a 以上，预处理-熔炼项目再生铅规模应在 6 万 t/a 以上			
		8	对于含酸液的废铅蓄电池，再生铅企业应整只含酸液收购；再生铅企业收购的废铅蓄电池破损率不能超过 5%。再生铅企业应严格执行《危险废物贮存污染控制标准》（GB 18597—2001）中的有关要求，应采用自动化破碎分选工艺和装备处置废铅蓄电池			

类别	内容	序号	判断依据	是	否	备注说明
行业规范条件满足情况	行业规范性条件（参考工信部2013年发布的再生铅行业规范条件）	9	从废铅蓄电池中分选出的铅膏、铅板栅、重质塑料、轻质塑料等应分类利用。预处理企业产生的铅膏需送规范的再生铅企业或矿铅冶炼企业协同处理。预处理-熔炼企业的铅膏需脱硫处理或熔炼尾气脱硫，并对脱硫过程中产生的废物进行无害化处置，确保环保达标			
		10	企业预处理车间地面必须采取防渗漏处理，必须具备废酸液回收处置、废气有效收集和净化、废水循环使用等配套环保设施和技术			
行政许可制度执行情况	环评审批手续	11	取得有审批权的环保行政主管部门的环境影响评价批复			
	"三同时"竣工验收手续	12	取得有审批权的环保行政主管部门的竣工验收批复			
污染物总量控制情况	总量控制指标完成情况	13	企业排污量符合所在地环保行政主管部门分配给该企业的总量控制指标（包括废水和废气中重金属许可排放总量）要求			
	总量减排任务完成情况	14	完成主要污染物总量减排任务			
主要污染物和特征污染物达标情况	污染物达标排放情况	15	核查企业最近的废气监测报告，监测结果符合《再生铜、铝、铅、锌工业污染物排放标准》（GB 31574—2015）要求；地方有更严格规定的，需符合相关要求			
排污许可证情况	排污申报登记	16	依法进行排污申报登记			
	排污许可证	17	依法领取排污许可证			

类别	内容	序号	判断依据	是	否	备注说明
环境管理制度及环境风险预案落实情况	环境管理情况	18	有健全的环境管理机构			
		19	通过 ISO 14001 环境管理体系			
		20	废气处理设施运行维修记录完备			
	环境风险应急情况	21	进行企业环境风险评估			
		22	制定企业环境风险应急预案并通过专家评审和备案			
环境信息披露情况	定期公布环境信息的情况	23	建立环境信息披露制度，定期公开环境信息			
		24	每年向社会发布企业年度环境报告书，公布含重金属污染物排放和环境管理等情况			
废气治理设施情况	废气治理设施设置	25	熔炼炉、精炼炉、电铅锅、锅炉、电解炉、浸出系统、电解系统等配备相应的废气治理设施			
	废气治理设施运行	26	废气的收集系统有效运行			
		27	废气的传输系统密闭完好			
		28	袋式除尘器的滤袋完好无破损，电袋除尘滤袋完好			
		29	脱硫过程中所加药剂操作规范，无遗撒			
		30	各污染物治理设施与生产设施同步有效运行			
		31	各污染物治理设施运行效率达到要求，运行记录完善			
排气筒设置	排气筒设置	32	排气筒的设置与环评批复文件一致、排气筒位置设置规范			
		33	设置符合国家标准《环境保护图形标志》（GB 15562.1—1995）规定的排放口标志牌			
采样平台设置	采样平台设置	34	采样平台设置规范，符合采样需求			

（六）其他行业

表 11-7　企业现场检查记录单

企业名称：　　　　　　　　　　企业地址：
检查日期：　　　　　　　　　　检查人员：

类别	内容	序号	判断依据	是	否	备注说明
询问	基本情况	1	排污单位负责人及联系方式是否与排污许可证一致			
		2	社会信用代码是否与排污许可证一致			
		3	准确地理位置信息是否与排污许可证一致			
一般性检查（检查工作内容是其中的一项或多项综合，可根据行动目标选择相应的检查内容）	产业结果符合性检查	4	是否在规定时间内新建了《产业结构调整指导目录》中限制投产的项目			
		5	是否存在《产业结构调整指导目录》明令淘汰的项目			
	环境管理手续检查	6	原辅材料、中间产品、产品的类型、数量及特性等是否一致			
		7	生产工艺、设备及运行情况是否一致			
		8	原辅材料、中间产品、产品的贮存场所与输移过程是否一致			
		9	排污单位拥有污染治理设施的类型、数量、性能、污染治理工艺以及排放去向等是否一致			
		10	污染治理设施管理维护情况、运行情况、运行记录，是否存在停运或不正常运行情况，是否按规程操作			
		11	污染物处理量、处理率及处理达标率，有无违法、违章的行为			
		12	被处罚记录及是否完成整改、完成整改的方式、完成时间等			
	环境应急管理检查	13	是否编制和及时修订突发性环境事件应急预案			
		14	应急预案、应急人员是否及时更新			
		15	是否按预案配置应急处置设施和落实应急处置物资			
		16	应急物资、设备是否配备到位			
		17	是否定期开展应急预案演练			

类别	内容	序号	判断依据	是	否	备注说明
一般性检查（检查工作内容是其中的一项或多项综合，可根据行动目标选择相应的检查内容）	排污许可证执行情况	18	检查排污单位是否按时进行排污申报，是否按时申领、年审、更换排污许可证			
		19	是否有通过未经许可的排放口排放污染物的行为			
		20	污染物排放口是否满足《排污口规范化整治技术要求》			
		21	污染物排放浓度和排放量是否满足标准和总量控制的要求			
		22	污染防治设施是否满足运行规程要求			
		23	是否存在法律禁止的无组织排放行为			
		24	是否落实了减排、限产等相应任务			
		25	运行台账是否记录齐全			
		26	应急预案是否落实			
		27	是否具有年度执行报告、季度执行报告、月度执行报告			
		28	书面执行报告是否由法定代表人或者主要负责人签字或者盖章并公开			
		29	季度执行报告和月执行报告是否包括根据自行监测结果说明污染物实际排放浓度和排放量及达标判定分析			
		30	季度执行报告和月执行报告是否包括排污单位超标排放或者污染防治设施异常情况的说明			
		31	年度执行报告是否包含以下内容：①排污单位基本生产信息；②污染防治设施运行情况；③自行监测执行情况；④环境管理台账记录执行情况；⑤信息公开情况；⑥排污单位内部环境管理体系建设与运行情况；⑦其他排污许可证规定的内容执行情况等			
		32	自行监测方案是否满足行业自行监测技术规范的要求			
		33	自行监测承担部门是否具备所承担部分监测指标的能力			
		34	监测报告是否符合相关要求			
		35	信息公开项目是否完整			
		36	信息公开项目是否及时			
	泄漏检测与修复检查	37	是否按要求开展泄漏检测与修复（LDAR）工作			

类别	内容	序号	判断依据	是	否	备注说明
重点核查（适用于区域监管表现异常的企业或者一般性检查发现问题的企业，或有明确目标的专项行动）	排污口规范化检查	38	检查排污口（源）排放污染物的种类、数量、浓度、排放方式等是否满足国家或地方污染物排放标准的要求			
		39	是否设置环境保护图形标志			
		40	检查排污者是否在禁止设置新建排气筒的区域内新建排气筒或存在未铅封的旁路烟道			
		41	检查排气筒高度是否符合国家或地方污染物排放标准的规定			
		42	检查废气排气通道上是否设置采样孔和采样监测平台。有污染物处理、净化设施的，应在其进出口分别设置采样孔。采样孔、采样监测平台的设置应当符合 HJ/T 397 的要求			
	项目建设变更情况检查	43	检查厂区布局。对照环评报告中的平面布局，核实目前实际生产布局有无发生重大布局调整			
		44	检查主要生产设备。以分厂、工艺、车间等为单位，对照建设项目的环评报告，统计主要反应装置、生产设备型号、规格、数量、功能、规格等，核算实际产能			
		45	检查主要生产工艺。以分厂、工艺、车间等为单位，对照建设项目的环评报告，检查工艺主要生产设备、辅助设备数量、型号、规格等是否有变更			
		46	检查原辅料使用、消耗情况。对照环评的主要原辅料用量，调查企业原辅料仓库堆放和进出台账、车间现场原辅料使用情况，核定实际产品及产能			
	有组织排放源	47	除尘器是否得到较好的维护，保持密封性；除尘设施产生的废水、废渣是否得到妥善处理、处置，避免二次污染			
		48	检查是否对旁路挡板实行铅封，增压风机电流等关键环节是否正常；检查脱硫设施的历史运行记录，结合记录中的运行时间、能耗、材料消耗、副产品产生量等数据，综合判断历史运行记录的真实性，确定脱硫设施的历史运行情况；检查脱硫设施产生的废水、废渣是否得到妥善处理、处置，避免二次污染			

类别	内容	序号	判断依据	是	否	备注说明
重点核查（适用于区域监管表现异常的企业或者一般性检查发现问题的企业，或有明确目标的专项行动）	有组织排放源	49	检查是否采取了控制氮氧化物排放的技术和设施。检查脱硝设施的历史运行记录，结合记录中的运行时间、能耗、材料消耗、副产品产生量等数据，综合判断历史运行记录的真实性,确定脱硝设施的历史运行情况			
		50	检查可燃性气体的回收利用情况			
		51	焚烧式有机废气处理系统。检查废气收集系统效果；检查净化系统运行是否正常；检查采取的焚烧工艺与挥发性有机物浓度是否匹配,温度控制是否符合要求，焚烧尾气是否含有硫、氯成分，是否建设配套去除装置			
		52	吸附式有机废气处理系统。检查废气收集系统效果；检查净化系统运行是否正常；检查活性炭更换处置台账和转移联单，活性炭纤维脱附蒸馏出产物，其他吸收液更换和处理情况，采用加碱吸收可现场测试 pH			
		53	固定顶罐是否配套建设挥发性有机物末端治理装置，控制效率是否达到 95%，特别排放限制区域是否达到 97%			
		54	火炬设施是否采取措施回收排入火炬系统的气体和液体；点火设施是否可靠，确保在任何时候,挥发性有机物和恶臭物质进入火炬都应能点燃并充分燃烧；是否开展火炬气连续监测、记录引燃设施和火炬的工作状态（火炬气流量、火炬头温度、火种气流量、火种温度等），并保存记录 1 年以上			
		55	开停工期间，用于输送、储存、处理含挥发性有机物、恶臭物质的生产设施，以及大气污染控制设施在检维修时清扫气应接入有机废气回收或处理装置			
	无组织排放源	56	挥发性有机物泄漏点是否确实经过修复，修复工作当前是否有效			
		57	检查可散发挥发性有机物的运输、装卸、贮存的环保防护措施。检查设备表面是否存在可见泄漏，如跑冒滴漏、异常声音、散发异味等；采用快速泄漏检测法测定的泄漏气体浓度或影像信息；密封措施老化；装卸过程是否按要求采取了顶部浸没式、底部装载方式、全密闭装载方式并设置油气收集、回收处理装置；密封点有无泄漏等			

类别	内容	序号	判断依据	是	否	备注说明
重点核查（适用于区域监管表现异常的企业或者一般性检查发现问题的企业，或有明确目标的专项行动）	无组织排放源	58	在企业边界进行监测,检查无组织排放是否符合相关环保标准的要求			
		59	内浮顶罐的浮盘与罐壁之间是否采用液体镶嵌式、机械式鞋形、双封式等高效密封方式			
		60	外浮顶罐的浮盘与罐壁之间是否采用双封式密封,且初级密封采用液体镶嵌式、机械式鞋形等高效密封方式			
		61	废水收集处理系统的收集系统、隔油浮选系统、生化系统是否采取了有效的密闭收集处理措施,是否采用废气处理措施,并有效、稳定运行			
	污染源自动监控系统检查	62	现场端建设是否符合规范要求			
		63	监测站房的各项环境条件是否满足仪器设备正常工作的要求			
		64	是否发生变化,发生变化是否备案、验收			
		65	污染源自动监控设施运行、维护、检修、校准校验记录是否符合规范要求			
		66	监测仪器设备的名称、型号是否与各类证书相符合,与报告、备案说明一致			
		67	企业生产工况、污染治理设施运行与自动监测数据是否一致			
		68	现场端数据与监控平台历史数据是否一致			

二、物联网监测数据取证

（一）监测设备清单

本项目所涉及的各类机载、车载及便携式设备及所对应的功能和监测内容如表11-8所示。

表 11-8　设备功能与监测内容清单

序号	使用方式	设备名称	功能/监测内容简介
1	机载	无人机可见光拍摄仪	区域航拍、企业排气检查（包括基于排污许可证的批建一致性监测、筒烟气拖尾情况监测）
2		无人机红外热像仪	夜间拍摄照片、暗查企业环保设施运行情况、偷排漏排情况
3		无人机紫外高光谱仪	SO_2、NO_x气体分布监测分析
4		无人机气体检测仪	CO 等气体分布监测分析
5		无人机湿度检测仪	排气筒周边水汽监测分析
6	车载	车载激光雷达扫描仪	基于区域气溶胶分布情况的异常区识别
7		车载 DOAS 遥测系统	监测厂界 SO_2、NO 柱浓度，反演排气筒柱浓度
8		车载空气质量 6 参数仪	测试风速、风向、湿度、气压
9		低浓度多组分紫外分析仪	SO_2、NO_2、苯、甲苯等多组分气体厂界及无组织排放监测
10	便携	便携式烟气分析仪	SO_2、NO_x监测
11		便携式无组织颗粒物检测仪	无组织颗粒物监测
12		便携式有组织颗粒物检测仪	有组织颗粒物监测
13		便携式烟气汞检测仪	测试排气筒汞含量
14		便携式烟气铅检测仪	测试排气筒铅含量
15		便携式非甲烷总烃检测仪	测试烟道非甲烷总烃含量
16		便携式 VOCs 检测仪	无组织 VOCs 监测
17		便携式红外夜视仪	夜间拍摄照片、暗查企业环保设施运行情况、偷排漏排情况

（二）设备执法目标

本项目根据各设备特点，按照区域监管取证、暗查执法取证、现场执法取证三大方式，选取所需硬件设备，实现执法取证监测数据需求，如表 11-9 所示。

表 11-9　执法环节设备选取情况

执法环节		设备
区域监管取证		无人机可见光摄像仪
		无人机红外热像仪
		无人机紫外高光谱仪
		无人机气体检测仪
		无人机湿度检测仪
		车载激光雷达扫描仪
暗查执法取证	设备排气筒遥测	无人机可见光摄像仪
		无人机红外热像仪
		无人机紫外高光谱
		无人机气体检测仪
		无人机湿度检测仪
		车载 DOAS 遥测系统
	厂界监测	车载空气质量 6 参数监测仪
		便携式无组织颗粒物检测仪
		车载 DOAS 遥测系统
		便携式 VOCs 检测仪
现场执法取证	排气筒监测	便携式有组织颗粒物检测仪
		便携式烟气分析仪
		便携式烟气汞检测仪
		便携式烟气铅检测仪
		便携式非甲烷总烃检测仪
	厂界监测	低浓度多组分紫外分析仪
		车载空气质量 6 参数监测仪
		便携式无组织颗粒物检测仪
		便携式 VOCs 检测仪
	工艺节点监测	便携式无组织颗粒物检测仪
		低浓度多组分紫外分析仪

（三）软硬件通信技术

　　本系统需要接入 10 余种监测设备数据，各设备输出的数据格式不统一，应用场景不同，如何能够高效、实时地将数据传输到系统平台，满足监察业务需求，成为本系统需要解决的关键技术点。

通过了解硬件尺寸、输出参数及传输方式等信息，将监测设备按输出数据格式分为视频、图片、报文、拍照、Excel 和 txt 6 类输出格式，针对不同的数据定制数据传输解析方式。将大部分数据汇聚到车载电脑中，通过车载 4G 模块与后台支撑系统进行交互。形成技术线路图，见图 11-21。

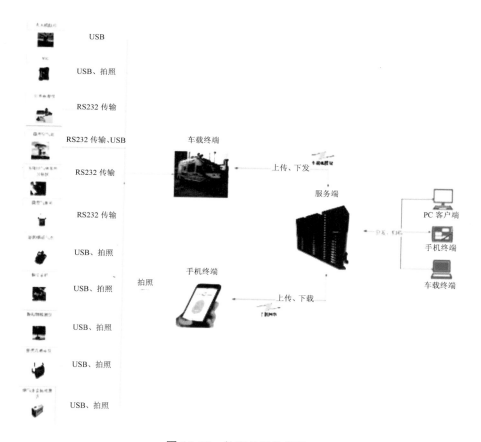

图 11-21　软硬件通信设计

视频：首先从设备中将视频通过 USB 接口方式拷贝到车载电脑中，在车载电脑上打开软件系统选择对应的设备将文件进行上传，传输过程中会将视频进行压缩处理，减少服务器存储及网络流量的压力，并按照一定规则进行重命名与任务及企业建立对应关系。

图片：首先从设备中将图片通过 USB 接口方式拷贝到车载电脑中，在车载电脑打开软件系统选择对应的设备将文件进行上传，传输过程中会将图片进行压缩处理，减少服务器存储及网络流量的压力，并按照一定规则进行重命名与任务及企业建立对应关系。

报文：报文数据格式采用数采程序实时监控设备的 RS485 串口协议，设备按照国标 212 协议进行传输，监听不同的串品，为不同监测设备定制解析方法对数据进行实时解析，保存到车载电脑数据库中，在车载电脑端选择对应的设备会展示出最近获取到的数据，用户通过手工选择需要上传的数据。

Excel：部分监测设备可直接导出 Excel 格式化的数据，将文件通过 USB 接口方式传输到车载电脑中，软件系统将对不同设备输出的 Excel 定制解析方式，证据上传时选择相应的设备、任务，再选择需要上传的 Excel 文件，车载电脑离线执法端将数据解析保存至车载电脑数据库中，待任务上传时一并回传到后台支撑系统数据库中。

拍照：便携式监测设备带到厂区进行监测，如果距离执法车较远，可通过前端移动执法系统拍照并输入监测项值，由前端移动执法系统通过手机网络传输至后台支撑系统数据库中，作为该任务的执法依据。

txt：部分便携式监测设备可直接导出 txt 格式的文件，将设备与车载电脑通过 USB 接口连接，文件拷贝到车载电脑中，在车载电脑离线执法端选择设备型号将数据解析至车载电脑数据库中，待任务上传时一并回传到后台支撑系统数据库中。

三、违法自动识别

对企业进行执法的过程中主要通过清单式执法、现场监测、第三方手工监测以及无人机批建一致性遥测等方式对企业进行执法，根据国家相关规定和标准对执法情况进行违法判定，确认其是否存在违法行为，见图11-22。

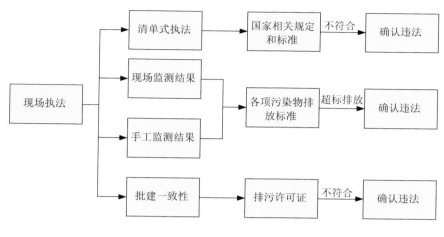

图 11-22　企业违法行为识别流程

（一）违法与处罚耦合

通过违法识别可以对企业的违法行为进行处罚。违法与处罚模块主要分为数据结构化入库、违法行为与行政处罚类型对应分析、分析结果与行政处罚系统的对接 3 个部分。首先将现场实时监测数据、污染源数据、法律法规和违法行为等进行结构化入库，在企业违法识别的基础上，将违法行为与行政处罚一一对应，及时提出企业的整改要求；同时，移动执法平台可与行政处罚系统相结合，针对监察的企业情况，直接对企业办理行政处罚的流程，为企业接受行政处罚的类型提供建议，见图 11-23。

在针对无人机遥测系统、车载遥测系统、便携式监测系统开发无线数据采集接入模块的基础上，建立违法识别模型，模型中主要包括《排污许可证管理办法》《大气污染防治法》等，实现现场监测设备数据实时进入监管平台的功能。通过监测数据分析模块对现场执法企业进行企业信息、生产工况、在线监测和执法监测的综合分析，并与相关的标准进行对比，存在违法行为时需要根据《大气污染防治法》的相关规定对其进行相应的处罚。针对清单式执法模块，依据《大气污染防治法》《建设项目环境保护管理条例》《环境监测管理办法》和《环境行政处罚办法》等，按取证的结果设置关系式的违法识别模型。针对暗查执法模块，依据红外、激光雷达的异常特性设置偷排漏排违法识别模型。针对现场监测模块，依据无人机遥测、车载遥测、便携式监测的逻辑关系，以及与大气污染物排放标准的比对关系，设置超标排放识别模型。

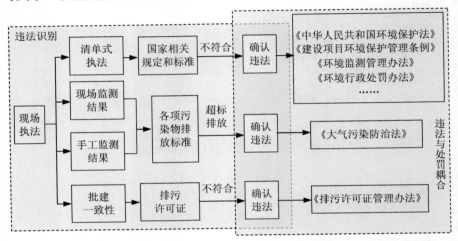

图 11-23　违法识别和违法与处罚耦合

　　将现场实时监测数据、《大气污染防治法》中违法与处罚的对应关系数据以及相关的标准等进行结构化入库。通过构建模型接口，提高耦合模拟的精度和计算效率，解决耦合模拟中的嵌套、调用等技术问题，保证模型之间的协同运行。结合现场监测数据，分析监测结果，同时综合分析环境监察人员咨询检查情况以及现场监测结果，在企业违法识别的基础上，依据《大气污染防治法》所规定的法律责任，将违法行为与行政处罚一一对应，为环境监察人员依法依规、及时准确做出行政决策提供技术支撑。系统将依情景设定行政处罚决定书模板，可通过便携式打印机现场打印。及时对企业提出整改要求或行政处罚，提高违法识别与行政处罚的耦合关联度，使环境监察人员行政决策做到有法可依，有据可依。环境监察信息系统平台可与行政处罚系统相结合，针对监察的企业情况，直接对企业办理行政处罚的流程，为企业接受行政处罚的类型提供建议。系统还将设定企业违法与行政处罚跟进制度,对不按时执行决定书的企业采取进一步的措施。

（二）远程执法辅助决策设计

1．总体设计理念

为提升执法人员智慧执法能力，辅助环境监管智慧决策，建设"执法指挥舱"功能。通过执法指挥页面中的各项功能模块满足不同级别环境执法部门对不同行业排污企业大气污染物违规排放行为的现场监督取证需求，巩固提升现场执法效能，最终达到改善现场执法质量的目标，见图 11-24。

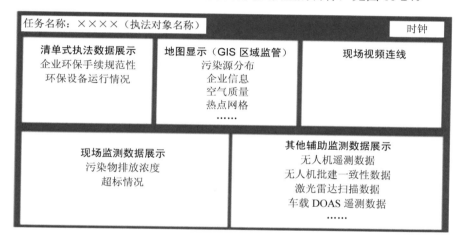

图 11-24　"执法指挥舱"功能分布图设计

执法指挥页面主要包括现场连线、区域监管、清单式执法、现场监测执法以及辅助监测执法 5 个模块，实现现场连线与辅助决策数据的有效交互。执法人员可以通过现场连线进一步掌握现场的执法情况，通过区域监管可以看到企业的一源一档信息，企业周边监测站点的数据以及企业历史检查信息，可以全面了解企业的信息，同时了解企业周边污染情况，通过清单式执法对企业的排污许可证执行情况、排气筒与采样平台设置情况、大气污染防治设施建设运行情况、自动监测情况等进行全面分析，进而确认是否存在违法行为；通过现场监测执法对污染物的排放进行定量分析，有利于现场执法人员在执法过程中有据可依；通过辅助监测结果了解企业大气污染排放的整体情况，结合区域监管的信息最终确认污染源分布，执法人员可根据执法指挥页面的各种数据以及现场情况，综合分析企业情况，判定违法情况，指导现场执法人员进行下一步执法，实现科学精准的现场执法。

2. 基于地图的区域情况监管

充分利用 GIS 和大数据技术，实现基于地理信息系统的执法管理与决策辅助功能，通过汇集交互各类环境污染源基本信息、执法数据、现场监测数据、监管数据以及其他相关数据，服务于环境监察问题的诊断、评估与决策，为现场执法人员精准执法提供技术支撑，实现环境监察智慧决策。

执法指挥中加入区域管理可以实现精准执法，提高监察执法效率。区域环境管理，通过对区域热点网格数据、环境质量数据、气象数据、污染源数据等进行数据综合分析与深度挖掘，锁定污染物排放异常区域，为环境执法人员提供疑似异常企业名单。

3. 现场指挥视频连线

现场指挥连线通过执法记录仪实时画面的传送了解监察任务的实际情况，同时也可以了解监察对象的实际情况，根据实际情况做出相应的判断，并制订下一步监察计划或者处罚决定。

执法记录仪的主要功能包括：

①影像位置实时监看；

②远程调度、实时对讲；

③实时记录回传现场；

④实时定位记录坐标轨迹；

⑤远程实时呼叫群组对讲；

⑥采用嵌入式 Linux 操作系统；

⑦视频录像分辨率为 1 920×1 080，视频帧率为 30 帧/s；4G 网络下实时传输视频可达到 1 080 P/720P 分辨率；

⑧照片最高输出像素数 4 100 万，分辨率 900 线，jpg 文件格式保存；

⑨执法记录仪显示屏采用 2.0 英寸高清显示屏，最大亮度等于 439 cd/m^2，可设置视频分辨率、照片像素、直播分辨率、连接网络、设置定位功能等；

⑩内置 4G 模块，支持全网通移动网络实时传输；

⑪内置 Wi-Fi 功能，可实现无线连接操作及连接无线网络实时传输；

⑫内置北斗/GPS 模块，通过接收卫星数据并提供定位信息，具有北斗+GPS 双模定位功能，具有通过 GPS 自动对时功能；

⑬具有一键报警功能，产生报警时平台可自动发出报警声音，并可自动弹出实时视频与抓拍照片，报警录像不会被自动删除；

⑭自动红外夜视灯开/关，滤光片自动切换；有效距离 10 m，可看清人体轮廓；在有效拍摄距离 4 m 处，能认清画面中人物的面部特征；

⑮具有文件视频标记功能及日志记录功能。执法记录仪能够在执法过程中及时收集相关信息，包括清单式执法和现场数据监测等实际情况。同时执法记录仪具有同步录音录像功能，对一些偶然发生的污染事件可以及时取证，在现场执法中至关重要。

4. 执法指挥决策辅助

通过现场监测结果、清单式执法结果、异常区识别结果、车载遥测结果、现场监测结果及是否超标排放的实时显示，为远程执法指挥提供辅助决策功能。

①现场监测数据：通过各种便携式监测设备在现场进行数据监测，并实时接入执法指挥，提高取证能力。为有效解决环境移动执法机构现场取证手段不足的问题，从根本上解决执法需求问题，因此在执法指挥中加入了现场监测结果模块。现场监测结果模块以便携式污染物监测设备作为监测取证手段，针对不同污染源大气污染监督执法需求，有机组合经过筛选的便携式测试技术，将设备取证结果与软件系统实现实时互通，为现场执法提供高效辅助。

②清单式执法数据：清单式执法可以根据已有资料对企业基本信息进行深入的了解。询问企业污染情况是否和相应环保手续保持一致，并通过现场执法确认现场情况是否和环保手续相符，同时也确定各项设施是否符合国家相关规定。

③辅助监测数据：辅助监测结果可以有效实现污染源异常区识别功能，

通过无人机遥测数据、激光雷达扫描数据、车载 DOAS 监测数据等进行数据综合分析与深度挖掘，明确污染物排放异常区域，同时根据区域管理过程中发现的疑似异常企业名单，进一步对待查企业进行遥测，确定疑似异常排放点位，实现精准执法，提高环境执法效率。

第四节　示范应用

为验证上述技术框架体系的可行性，于 2019 年 1 月 14 日在天津某钢铁企业开展监管技术框架体系的示范应用。气象条件为晴，西南风，风速小于 5 m/s，利于无人机起降和车载巡航。

一、企业概况

示范企业是天津冶金集团下属企业，其经营范围包括钢压延加工、黑色金属铸造、结构性金属制品等，企业主要工序及产品产能见表 11-10。排放的大气污染物包括 PM、SO_2、NO_x、氟化物等，分有组织排放和无组织排放两种。共有 39 个大气污染物排放口，其中主要排放口 10 个，多数安装了烟气在线连续监测系统。无组织排放监测点共 12 个，产污环节覆盖厂界、原料系统、轧钢、炼钢、石灰窑、烧结和炼铁等，示范当天轧钢工序停产。

该企业大气污染物排放口位置如图 11-25 所示。

表 11-10　主要生产工序及产品产能

主要工序	主要生产设施	产品	生产能力/10⁴ t
烧结	2×180 m² 带式烧结机	烧结矿	386
炼铁	2×1 260 m³ 高炉	生铁	240
炼钢	2×120 t 精炼炉 2×120 t 转炉 3×120 t 连铸机	粗钢	240
轧钢	1×80 万 t/a 热轧机组 1×70 万 t/a 热轧机组 1×65 万 t/a 热轧机组	热轧材	215

生产经营场所点位：　　　大气主要排放口：　　　大气一般排放口：

图 11-25　厂区及大气污染物排放口位置

二、技术选择

将企业监管区域划分为区域（面）、厂界（线）和现场（点）3 个维度，相应选择无人机巡航、车载巡航、便携式仪器检查 3 类技术。无人机飞行路线如图 11-26 所示。选择固定翼飞机、四旋翼无人机两类，分别搭载紫外光谱仪、可见光相机等载荷，航高分别为 800 m、500 m，飞行时长分别为 40 min、60 min。车载 DOAS（差分吸收光谱技术）巡航路线如图 11-27 所示，包括厂界和烧结工艺周边，巡航时间选择在 10：30—14：30 进行，车速为 20 km/h，共进行了 4 次，时长在 16～25 min。激光雷达垂直扫描包括厂界及主要工艺（烧结、炼铁、炼钢）周边，水平扫描需要无遮挡。厂区内现场检查所用仪器类型、测点布置如表 11-11 所示。测试时长均超过 20 mim。

表 11-11　现场检查仪器和监测指标

排放类型	测试点位	监测指标	监测设备
有组织	烧结机机头脱硫烟气排口	SO_2、NO_x	非色散红外烟气分析仪
		颗粒物	β射线法有组织颗粒物快速检测仪器

排放类型	测试点位	监测指标	监测设备
无组织	厂界周边及厂界上风向1点位、下风向3点位	颗粒物	β射线法无组织颗粒物快速检测仪器
	烧结工艺车间周边	颗粒物	β射线法无组织颗粒物快速检测仪器
	炼铁工艺车间	SO_2、NO_x、苯系物	便携式低浓度气体多组分快速检测设备
	炼钢工艺车间周边	SO_2、NO_x、苯系物	便携式低浓度气体多组分快速检测设备

图 11-26　无人机飞行路线　　　　　图 11-27　车载巡航路线

三、示范结果

（一）示范主要结果

图 11-28　检查前与企业沟通说明检查事项等

①高空巡查：利用无人机可见光载荷高空巡查，获取 10 cm 分辨率企业影像资料，发现固定大气排放口 71 个，与申报不符，有未申报排污口。无人机紫外光谱仪检查发现，厂区上空 SO_2 和 NO_x 浓度偏高且有一定扩散。

图 11-29　基于小微型无人机遥感的大气污染源"批建一致性"现场示范

②厂界巡查：利用车载巡航对比了厂界上、下风向 NO_2 和 SO_2 浓度高值，发现示范企业无外部 NO_2 和 SO_2 输入，内部虽然存在 NO_2 和 SO_2 排放，但排放通量整体均低于 30 g/s。

图 11-30　车载被动 DOAS 遥测示范

③无组织排放检查：炼铁和烧结工艺的无组织颗粒物排放浓度为 0.4 mg/m^3；厂界下风向的浓度虽比上风向（0.128 mg/m^3）高出近 1 倍，达到 0.23 mg/m^3，但上述指标均未超出《炼铁工业大气污染物排放标准》（GB 28663—2012）、《钢铁烧结、球团工业大气污染物排放标准》（GB 28662—2012）规范的要求。

图 11-31　企业污染防治措施运行情况红外热像仪现场测试

④有组织排放检查：烧结机机头脱硫烟气中，SO_2 和 NO_x 浓度分别为 24.6 mg/m³ 和 147.3 mg/m³，颗粒物浓度为 2.4 mg/m³，均未超过 GB 28662—2012 排放标准。

图 11-32　便携式快速直读仪器示范

⑤综合判断结果：该企业污染物排放不超标，但存在违规排口。

（二）示范基本结论

本次技术集成示范试验结果表明，各类技术和仪器可良好地互相配合取证。主要表现在：

①在监测物质上保持较好的一致性，与国家相关的标准规范相一致，适用于固定源现场监管执法。

②从多维角度提供综合评判证据。以 SO_2 为例，分别从高空、厂界、工艺排口 3 个方面提供实时反演图像和检测数据，保证监管人员一次可提取多种类型数据，对企业固定源合规判断更加科学。

③将无组织监管纳入其中，通过研发适用于现场快速检测的设备，解决了长期以来困扰无组织排放监管无技术支持、无装备可用的"瓶颈"。

④所有设备检出数据、视频和图像等均可有效存储在物理介质上，有的还可通过物联网实时上传到监管平台，便于证据保存。

⑤各类技术使用具有高度灵活性，不同机构可根据自身条件，选择或增加更多类型，且各类技术的使用也并不要求时间上的严格一致性，如无人机只需要执行定期巡航或非常时期执行加密巡航，绘制反演图像，保留高清晰图像，甄选可疑排放源，再通过任务环节下发，这样的监管效率更高，对违法企业的震慑更大。

（三）存在的问题

困扰大气污染物监管最大的问题是缺乏面向现场执法监管的技术规范。虽然 DOAS、激光雷达和传感器等技术发展成熟，从无人机到各类便携式仪器均有多种品牌和型号，但因为监测方法未规范化、标准化，致使上述设备和仪器检出数据只能作为排查和检查的依据，而不能直接作为违法行为的判罚证据。另外，上述技术还需要进一步加强融合，提供一体化的解析功能和可视化图片，减少人为中间判断环节和转换操作，加强实用性。

附表 固定源大气污染物排放执法监测技术清单

附表 1 便携式仪器监测技术

序号	监测污染物种类	仪器品牌	型号	监测方法	操作温度	湿度	仪器重量	续航时间	测定范围	分辨率	精度	预热时间	响应时间	仪器价格	数据输出	仪器特点
1	SO_2、NO_x	德国Testo	Testo 350	定点位电解法	-5~45℃	—	440 g	5 h	0~14 300 mg/m³	—	—	—	—	5万元	—	轻巧便携、价格低，应用广泛
2	SO_2、NO_x	英国Kane	KM 950	定点位电解法	0~45℃	RH 10%~90%	1 kg	8 h	0~14 300 mg/m³	—	—	—	—	3.4万元	红外遥控打印	体积小巧，操作简单
3	SO_2、NO_x	德国威乐	F550CI智能烟气综合分析仪	定点位电解法	5~40℃	RH 30%~70%	1.25 kg	8 h	0~5 000ppm/ 0~500 ppm 低量程	1 ppm/ 0.1 ppm 低量程	±5 ppm 0~100 ppm/ ±2 ppm 0~40.0 ppm低量程	—	—	—	现场浏览即时打印	无须为高CO浓度而中断测量
4	SO_2、NO_x	德国益康	ECOM-J 2KNIB	定点位电解法	5~40℃	—	10~16 kg	—	0~14 300 mg/m³	1ppm	+5 ppm或3%测量值	60s	—	1.1万元	—	可提供无线远程遥控操作的烟气分析仪，无线传输信号覆盖范围可达50 m

序号	监测污染物种类	仪器品牌	型号	监测方法	操作温度	湿度	仪器重量	续航时间	测定范围	分辨率	精度	预热时间	响应时间	仪器价格	数据输出	仪器特点
5	SO₂, NOₓ	青岛崂应	崂应3022型烟气综合分析仪	定点位电解法	烟气温度0~500℃	—	—	—	SO₂: 低量程0~5 700 mg/m³, 高量程0~14 000 mg/m³; NO: 0~6 700 mg/m³; NO₂: 0~2 000 mg/m³	—			<90s	5万~10万元	—	适合低照度低温下工作，体积小，重量轻，方便携带
6	SO₂, NOₓ	北京雪迪龙	MODEL 3080便携式烟气分析仪	非分散红外法	-20~45℃	—	12 kg	—	0~70~500 mg/m³	0.1 mg/m³	±1%	5 min	<60s	—	—	抗干扰能力强，极短的预热时间，约5 min，抗震性能好，可车载使用
7	SO₂, NOₓ	武汉四方	Gasboard-3800P	非分散红外法	烟气温度0~800℃	—	—	—	0~2 000 ppm	1 ppm	±1%FS		<15s	—	USB、针式打印机	具备自诊断功能，可在线检查传感器状态
8	SO₂, NOₓ	武汉天虹仪表	TH-890C便携式红外烟气分析仪	非分散红外吸收法	-20~45℃	RH 95%以下，无结露	9.3 kg	—	第一量程为100 ppm, 第二量程为2 000 ppm	—			T90≤60s		U盘下载，直接打印	适用于锅炉、垃圾焚烧烟气排放分析；钢铁冶炼工艺气体回收分析、脱硫、脱硝工艺、硫黄回收工艺气体分析等。不适合脱硫、脱硝后的低浓度烟气成分测量，也可用于高浓度烟气成分分析

序号	监测污染物种类	仪器品牌	型号	监测方法	操作温度	湿度	仪器重量	续航时间	测定范围	分辨率	精度	预热时间	响应时间	仪器价格	数据输出	仪器特点
9	颗粒物	青岛众瑞	ZR-3220型便携式红外烟气综合分析仪	非分散红外吸收法和定点位电解法	—	RH 0~60%	—	≥3 h	—	—	—	—	—	—	—	抗干扰能力强，极短的预热时间
10	SO₂、NOx	青岛崂应	3026型红外烟气综合分析仪	非分散红外法	—	—	—	—	—	—	—	—	—	—	RS234串口配置高速低噪声、微型热敏打印机，轻松掌握实时数据	高效的滤尘、除水一体化烟气预处理系统，有效降低SO₂损失、防止水汽干扰，更适用于含湿量高及烟气成分浓度低的工况
11	SO₂、NOx	德国MRU	MGA5	非分散红外吸收法	0~100℃（可选0~300℃）	—	17 kg	—	0~572 mg/m³/0~2 860 mg/m³	—	—	—	≤20s	10万~30万元	—	气体分析仪仪表箱带轮子利把手，可以作为移动式仪器使用
12	SO₂、NOx	日本HORIBA	PG-350	非分散红外吸收法	5~40℃	RH 85%	14 kg	00~120 V AC，200~240 V AC 50/60 Hz	0~8 580 mg/m³	—	—	30 min	180s	20万~30万元	DC4-20 m A，以太网	便携式，小巧轻便，精度高

序号	监测污染物种类	仪器品牌	型号	监测方法	操作温度	湿度	仪器重量	续航时间	测定范围	分辨率	精度	预热时间	响应时间	仪器价格	数据输出	仪器特点
13	SO_2、NO_x	德国福德士	MCA 14-M	高温红外检测法	介质温度最高200℃	—	28 kg	—	SO_2：0～50/2 500 mg/m^3；NO_2：0～50/500 mg/m^3	—	<1%	—	—	—	—	全程高温取样，高温过滤、高温快速分析，免除水分的干扰（采样及分析测量温度为180～185℃）
14	SO_2、NO_x	青岛明华	MH 3200	紫外差分吸收光谱法	烟气温度0～600℃	—	<7 kg	—	SO_2：低量程0～900 mg/m^3，高量程0～5800 mg/m^3；NO：0～1 360 mg/m^3；NO_2：0～1 050 mg/m^3	—	—	—	—	—	可用蓝牙或者数据线通信，可按文件号、日期范围查询数据，导出Excel数据表格	采用热湿法测量技术，全程加热，烟气从烟道中抽取直接进入光学检测高温气室，避免水分对气体吸附造成的干扰
15	SO_2、NO_x	青岛众瑞	ZR-3211	紫外差分吸收光谱技术	—	—	—	—	双量程分析设计，根据SO_2、NO、NO_2高低浓度值自动切换量程	—	—	<10 min	—	—	实时查询检测数据，标配蓝牙打印机，现场打印	测量精度高，不受烟气中水蒸气影响，特别适合高湿低硫工况

序号	监测污染物种类	仪器品牌	型号	监测方法	操作温度	温度	仪器重量	续航时间	测定范围	分辨率	精度	预热时间	响应时间	仪器价格	数据输出	仪器特点
16	SO_2、NO_x	青岛博睿	3040	紫外差分吸收光谱技术	烟气温度0~500℃	RH 0.1%~40%	6 kg	—	0.5~1.5 L/min	0.1 L/min	—	<40 min	—	—	—	无信号衰减，无传感器寿命限制，无气体交叉干扰，维护方便
17	SO_2、NO_x	武汉天虹仪表	TH-890D 紫外烟气分析仪	紫外差分吸收光谱技术	烟气温度0~500℃	—	—	—	SO_2：低量程0~50 ppm，高量程0~500 ppm；NO：0~500 ppm	—	—	—	—	—	USB接口	仪器采用紫外差分法的测量原理，检测浓度限低，抗干扰能力强、测量精度高
18	SO_2、NO_x	青岛崂应	3023型紫外差分烟气综合分析仪	紫外差分吸收光谱技术	环境温度-20~70℃	RH 0~95%	—	—	SO_2：低量程0~860 mg/m³，高量程0~4 300 mg/m³；NO：0~1 340 mg/m³	1 mg/m³	—	无须预热	≤90s	10万~30万元	RS233串口配置高速低噪声微型热敏打印机，轻松掌握实时数据	防止水汽和粉尘干扰，开机无须预热，可在严寒地区使用
19	SO_2、NO_x	南京埃森	PAS X6	非分散紫外吸收法	-10~45℃	RH 0~90%	11.7 kg	—	0~572 mg/m³ / 0~5 720 mg/m³	—	—	—	<90s	—	RS232接口口[上位机单位采购软件（可选）]	监测部门、电力系统、科研单位采购较多，更适用于低浓度的SO_2和NO_x

序号	监测污染物种类	仪器品牌	型号	监测方法	操作温度	温度	仪器重量	续航时间	测定范围	分辨率	精度	预热时间	响应时间	仪器价格	数据输出	仪器特点
20	VOCs、SO₂、NOₓ	德国Bruker	ALPHA便携式傅立叶变换红外光谱仪	傅立叶红外光谱法	—	—	—	—	350~7 500 cm⁻¹	0.9~2 cm⁻¹	—	—	—	—	—	通用型光谱仪。高灵敏度DTGS检测器，信噪比优于20 000∶1
21	VOCs、SO₂、NOₓ	芬兰GASMET	GASMET便携式傅立叶变换红外光谱仪FTIR Dx4000/DX4020	傅立叶红外光谱法	工作温度100~180℃	—	18 kg	—	可选择不同量程范围	—	—	—	—	—	—	同时分析红外可吸收气体，只需出厂进行一次初始标定后，无须再次标定。仪器采用简单的每种组分别标定，可定性分析5 500种化合物
22	VOCs、SO₂、NOₓ	美国Smiths Detection	GasID便携式傅立叶红外多组分气体分析仪	傅立叶红外光谱法	—	—	—	—	650~4 000 cm⁻¹	4 cm⁻¹	—	—	15 min	—	—	气体专用分析仪，样品采集为预浓缩采样集和热解吸进样

序号	监测污染物种类	仪器品牌	型号	监测方法	操作温度	温度	仪器重量	续航时间	测定范围	分辨率	精度	预热时间	响应时间	仪器价格	数据输出	仪器特点
23	VOCs, SO₂, NOₓ	MIDAC	MIDAC FTIR	傅立叶红外光谱法	—	—	—	—	—	—	ppm级	—	—	—	—	通用型仪器,封闭式光学结构,无伴热,主要分析油气化工行业,可分析部分VOCs气体
24	VOCs	聚光科技	Mars-400 Plus	气相色谱法	—	—	<19 kg	—	—	—	—	—	—	—	—	分析速度、检测灵敏度,携带方便
25	VOCs	美国英福康	Hapsite ER便携式气质联用仪	气相色谱法	—	—	—	—	—	—	—	—	—	—	供网卡接口和USB接口	提供两种检测模式。在应急模式下,可直接进样,出应急响应;在分析模式下,可在数分钟内完成挥发性及半挥发性物质的全面分析,可达实验室气质系统的分析水平
26	VOCs	美国珀金埃尔默	珀金埃尔默 Torion T-10便携式气质联用仪	气相色谱法	—	—	14.5 kg	2.5 h	—	—	—	—	几分钟	—	—	外形小巧,操作简单

序号	监测污染物种类	仪器品牌	型号	监测方法	操作温度	湿度	仪器重量	续航时间	测定范围	分辨率	精度	预热时间	响应时间	仪器价格	数据输出	仪器特点
27	VOCs	美国菲利尔	FLIR Griffin G510便携式气质联用仪	气相色谱法	—	—	16.3 kg	—	—	—	—	—	—	200万~300万元	—	能够快速准确定性未知物，可直接与实验室GC-MS数据比较
28	VOCs	美国华瑞	GCRAE 10000 PGA-1020	光离子检测法	-10~50℃	RH 95%	9 kg	8 h	—	—	—	—	—	—	—	成本低，对低浓度的气体泄漏有优势，但稳定性不足，需频繁校准
29	VOCs	美国菲力尔	FLIR GF320	红外热像技术	-20~50℃	RH 95%	2.48 kg	>3 h	—	—	温度范围±1℃	7 min	—	—	HDMI	具有出色的分辨率、热灵敏度和高灵敏度模式，FLIR GF320能精确测量温度，并能够注意到温差和提高视觉对比度，以进行更好的气体泄漏检测及重大泄漏源的快速排查，但是不能定量，对低浓度泄漏无法确定

序号	监测污染物种类	仪器品牌	型号	监测方法	操作温度	湿度	仪器重量	续航时间	测定范围	分辨率	精度	预热时间	响应时间	仪器价格	数据输出	仪器特点
30	VOCs	以色列OPGAL	EyeCGas	红外热像技术	-20~50℃	—	—	—	—	—		—	—	—	—	广泛用于石油化工行业的挥发性有机物气体泄漏检测，可用以评估工厂设备的产品损失、识别泄漏排放源
31	VOCs	美国赛默飞	TVA2020	火焰离子检测法	-10~45℃	—	4.14 kg	10 h	—	—	读取值的±10%或±1.0 ppm	—	3.5s	—	USB	轻便、紧凑的便携式设计，真正可以做到减轻使用者的疲劳，且便于现场维护。此外，有多种选件可选，如基本探头或增强型探头、便携箱和氢气充气组件
32	VOCs	美国英福康	DARTAFID	火焰离子检测法	—	—	—	15 h	0.1~50 000 ppm	—	—	—	—	—	—	可用于现场检测修复、垃圾填埋环境监测、常规区域环境调查

序号	监测污染物种类	仪器品牌	型号	监测方法	操作温度	湿度	仪器重量	续航时间	测定范围	分辨率	精度	预热时间	响应时间	仪器价格	数据输出	仪器特点
33	VOCs	意大利POLLUTION	PF-300	火焰离子检测法	—	—	13 kg	—	—	—	—	—	—	—	使用USB进行数据存储与下载	效率低，需有定量检测；虽有ppm，但需转换成果，并且需根据浓度值逐点校经验公式估算漏浓度，存在较大误差
34	VOCs	德国AIRSENSE	PEN3	气敏半导体传感器	—	—	—	—	—	—	—	—	—	—	—	PEN3电子鼻是一种用来检测气体和蒸汽的小巧、快速、高效的检测系统；它经过训练后可以很快辨别单一化合物或者混合气体；通过不同的识别计算系统可以扩大它的应用范围
35	颗粒物	德国SAXON	SMG200M便携式烟尘直读测量仪	光散射	5~40℃	RH上限90%，非冷凝	—	—	0~250 mg/m³	—	0~4 mg/m³ ±0.2 mg/m³ >4 mg/m³ ±5%of MV	<10 min	—	—	RS232 USB TypeA Bluetooth® Class1 （100 m）	操作简单，维护成本低，内含日志功能

序号	监测污染物种类	仪器品牌	型号	监测方法	操作温度	湿度	仪器重量	续航时间	测定范围	分辨率	精度	预热时间	响应时间	仪器价格	数据输出	仪器特点
36	颗粒物	德国威乐	SM-500	微震荡天平法	—	—	—	—	0~1 000 mg/m³	—	≤±0.3 mg	—	—	—	USB接口	同时进行：颗粒物测量和废气排放数值；高清图形显示值及趋势曲线；适合所有的固体燃料
37	烟气汞	北京雷迪龙	MODEL 3080Hg 便携式烟气分析仪	冷原子吸收光谱技术	0~45℃	<90% RH	8 kg	—	0~50~100 μg/m³	0.01 μg/m³	重复率≤1%	30 min	<30 s	—	—	具有极好的选择性、抗干扰能力强，稳定，可靠

附表 2　车载遥测技术

序号	监测的污染物种类	品牌	型号	监测方法	方法特点	操作温度	湿度	测定范围
1	SO₂、NOx	北京京氏联创	MCA14m 移动式高温红外多组分气体分析仪	单光束双波长红外原理、气体相关过滤红外原理	—	0~45℃	最大 90%非冷凝	

序号	监测的污染物种类	品牌	型号	监测方法	方法特点	操作温度	湿度	测定范围
2	VOCs	安徽蓝盾光电子	傅立叶红外排放通量遥测系统	SOF方法（Solar Occultation Flux）	以太阳红外辐射作光源，进行遥感监测；可车载动态大范围遥感监测；可获取污染物的时空分布；多组分污染物的同时监测；GPS精确定位，污染物的来源解析	—	—	最低检测限5～20 ppm
3	VOCs	安徽蓝盾光电子	傅立叶红外多组分遥测系统	傅立叶变换红外光谱技术	非接触式远距离遥测；可监测的气体成分达300多种；可同时监测多种痕量气体；可实时、连续、自动长期运行；直观显示污染扩散形势	—	—	ppm范围
4	VOCs	无锡中科光电	大气环境光化学监测移动方舱	EKMA	—	—	—	—
5	VOCs	安徽蓝盾光电子	抽取式傅立叶红外多组分气体分析仪	傅立叶变换红外光谱技术及抽取式多次反射气体吸收池配置	可同时监测多种气体；可实时、连续、自动长期运行；可用于车载移动监测；多种光程吸收池选择，满足各种应用场合	—	—	ppb-百分比量级

序号	监测的污染物种类	品牌	型号	监测方法	方法特点	操作温度	湿度	测定范围
6	SO_2、NO_x	中科院合肥物质科学研究院	车载平台搭载的污染气体排放通量被动 DOAS 快速遥测系统	车载被动 DOAS	DOAS方法是一种基于电磁波与气体组分之间相互作用的遥感探测方法,利用了气体分子在紫外、可见及近红外波段的"指纹"吸收特性对痕量气体进行定性、定量测量	-10～50℃	相对湿度不大于96%	—

附表 3　激光雷达遥测技术

序号	污染物种类	仪器品牌	型号	仪器特点
1	颗粒物	北京怡孚和融	气溶胶激光雷达 EV-Lidar	集成化设计,移动携带方便,可以查看时空图上任意时间的廓线,游标查看廓线功能,可以实时提供不同时间和不同高度处 PM_{10}、$PM_{2.5}$ 的浓度分布图
2	颗粒物	北京怡孚和融	气溶胶激光雷达 EV-LIDAR PRO	可反演消光系数、AOD、PBL 层、$PM_{2.5}$、PM_{10}、云底高等多参数;可同时获得包含气溶胶和温度的廓线数据,提供的温度廓线作为协同参数信息,为大气污染情况分析提供辅助依据
3	颗粒物	北京怡孚和融	便携式 3D 可视扫描激光雷达 EV-LIDAR-CAM	人眼安全认证、便携、高频、高分辨率,户外防水,环境适应性强
4	颗粒物	北京怡孚和融	3D 可视型激光雷达 EV-Lidar-CAM	具有摄像功能的激光雷达,与 GIS 地理信息系统结合,环境适应性强,可反演多种参数,性能出色的 3D 电机,通过人眼安全国际认证(TUV),采用透射式同轴原理

序号	污染物种类	仪器品牌	型号	仪器特点
5	颗粒物	北京怡孚和融	转动拉曼温廓线激光雷达 TRL20	体型小、重量轻、易移动、可车载；主动遥感测量，受天气影响小；测量精度不受大气中气溶胶和分子光消影响；安装及操作简单，维护成本低
6	颗粒物	北京怡孚和融	拉曼气溶胶激光雷达 RAL10	加入拉曼通道使得监测结果更准确；拉曼雷达可以作为激光雷达组网中的标准数据源；自动搜寻、自动校准专利技术；参照欧洲激光雷达组网数据校准经验
7	颗粒物	聚光科技	AGHJ-LIDAR（HPL）大气颗粒物监测激光雷达	采用振镜扫描、避免雷达主体光机及探测器电子学系统振动；系统具有停电自动关机、来电自动开机功能；可适用于各种天气状况；采用单脉冲能量毫焦级固体激光器，重度污染条件下，具有较好的探测能力；激光器使用寿命长，可达 16 000 h
8	颗粒物	聚光科技	AGHJ-I-LIDAR 大气颗粒物监测激光雷达（双波长三通道系列）	"双波长三通道设计"，探测粒径可达纳米量级，有效判别颗粒物种类和来源；毫焦急激光源设计，单脉冲能量高，重污染天气下可保证 10 km 的探测高度；业务化软件设计，可实时生成图片，量化报表等监测结果，实现多参数联合分析
9	颗粒物	无锡中科光电	大气颗粒物监测激光雷达（双波长三通道系列）	基于米散射原理，探测颗粒物的浓度和时空分布。广泛用于大气环境立体监测、气象观测和科研领域。大范围动态响应，30~300 m 空间分辨率响应，适应性强；探测过程自动化，支持长时间无人值守运行
10	颗粒物	无锡中科光电	大气颗粒物监测激光雷达（便携式颗粒物激光雷达）	对局部污染源以及高密度气团的快速响应。采用双望远镜远道的设计，雷达发射出 532nm 激光，两个接收器分别收集气溶胶和云等对激光的后向散射信号以及盲区内信号，分析其回波强度和通过接收 532nm 的垂直和水平偏振信号以及盲区内信号，分辨颗粒物的分布和颗粒物的类别粒子的消偏特性，从而实现零盲区探测，分辨颗粒物的分布和颗粒物的类别
11	颗粒物	无锡中科光电	大气颗粒物监测激光雷达（高能扫描系列）	基于米散射原理，利用激光探测颗粒物的时空分布情况。激光波长：532 nm。时间分辨率：3 S（可调），空间分辨率：5 m（可调），扫描范围：水平 0~360°，垂直 -90~90°

附表 4　无人机遥测技术

序号	监测的污染物种类	仪器品牌	型号	监测方法	操作温度	湿度	重量	供电系统	测定范围	分辨率	数据输出
1	SO_2、NO_x、VOCs	可飞科技	Sniffer4D 灵嗅™	机载环境监测传感器	−20~80℃	0~99% RH		提供两种电源接入模式（XT30 或 5 V 直流输入（Micro USB）。为零嗅内部各个模块提供稳定的电能。平均功耗约为 6 W，峰值功耗约为 15 W			负责 Sniffer4D 灵嗅™与数据分析软件间的数据传输。理论最大传输距离 7 km，典型空旷传输距离 3~5 km，典型市区内传输距离 1~2 km
2	SO_2、NO_x、VOCs、$PM_{2.5}$、PM_{10}	江苏启飞	启飞应用多功能气体分析仪	机载环境监测传感器	−20~80℃	0~99% RH	450~600 g	提供两种电源接入模式（XT30 或 5 V 直流输入（Micro USB）。为零嗅内部各个模块提供稳定的电能。平均功耗约为 6 W，峰值功耗约为 15 W			负责气体分析模块与数据分析软件/调参软件间的实时数据传输。理论最大传输距离 7 km，典型空旷传输距离 3~5 km，典型市区内传输距离 1~2 km

序号	监测的污染物种类	仪器品牌	型号	监测方法	操作温度	湿度	重量	供电系统	测定范围	分辨率	数据输出
3	SO$_2$、NO$_x$、VOCs、PM$_{2.5}$、PM$_{10}$	上海幻飞智控	HF-G6S	机载环境监测传感器	−20~40℃		480 g					无线电传输，实时查看监测数据
4	SO$_2$、NO$_x$、VOCs、PM$_{2.5}$、PM$_{10}$	上海幻飞智控	HF-G6SP	机载环境监测传感器	−20~40℃		480 g					无线电传输，实时查看监测数据
5	SO$_2$、NO$_x$、VOCs、PM$_{2.5}$、PM$_{10}$	天津智易时代	ZWIN-YCF06	机载环境监测传感器				采用12 V蓄电池（锂电池）供电	NO$_2$：0~1 ppm；SO$_2$：0~1 ppm；PM$_{2.5}$、PM$_{10}$：0~1 000 μg/m^3	NO$_2$：0.001 ppm；SO$_2$：0.001 ppm；PM$_{2.5}$、PM$_{10}$：0.1 μg/m^3	
6	SO$_2$、NO$_x$、VOCs、PM$_{2.5}$、PM$_{10}$	上海霍享环保	H-EMP100系列飞行环保监测分析仪	机载环境监测传感器			3 500 g				GSM、GPRS、WIFI

序号	监测的污染物种类	仪器品牌	型号	监测方法	操作温度	湿度	重量	供电系统	测定范围	分辨率	数据输出
7	SO₂、NOₓ、VOCs、PM₂.₅、PM₁₀	深圳圣凯安科技	无人机气体检测仪	机载环境监测传感器							
8	SO₂、NOₓ、VOCs、PM₂.₅、PM₁₀	深圳组福斯科技	NF-AQI-G 无人机空气质量环境监测模块	机载环境监测传感器	$-40 \sim 60\,℃$			$220\,V$ 直流电或太阳能供电、电池供电	NO_2: $0 \sim 1\,ppm$; SO_2: $0 \sim 1\,ppm$; $PM_{2.5}$、PM_{10}: $0 \sim 1\,000\,\mu g/m^3$	NO_2: $0.001\,ppm$; SO_2: $0.001\,ppm$; $PM_{2.5}$、PM_{10}: $1\,\mu g/m^3$	RS485 或 GPRS

附表 5　热点网格技术

序号	网格名称	供应商	主要功能	系统特点	数据应用
1	"千里眼计划"	生态环境部	对京津冀及周边地区"2+26"城市全行政区域按照3 km×3 km划分网格。利用卫星遥感技术，筛选出PM$_{2.5}$年均浓度较高的3 600个网格作为热点网格，进行重点监管	建立热点"网格+监测微站+移动式监测设备"的工作方式，识别选出PM$_{2.5}$浓度异常的区域，范围缩小至500 m×500 m，指导开展监督执法，在涉气污染源相对集中的热点网格内加密布设地面监测微站，实时监控污染变化	根据强化督查反映的问题，统计出每一个热点网格的主要问题类型，以标注，便于后期有针对性地加强监管
2	大气网格化精准监控系统	河北先河	为区域整体环境质量提供基础数据；精确分析城市内特征污染因子浓度，从颗粒物成分理化空间对空气污染来源进行解析，为环境管理提供决策支持	通过全样本的有效性监测，精准锁定污染源头，为区域大气污染防治决策提供科学的技术支撑，结合政府管理手段，形成"监测、执法、治理"为一体的决策支撑平台	环境监测与监管协同联动，利用大数据分析技术，对区域环境进行污染分析与研判，并提供环境咨询管理咨询服务
3	大气污染热点网格精细化展示平台	航天智慧公司	通过环境空气质量微站、车载路面监测系统（扬尘）前端遥测感收集数据，构建3 km×3 km热点网格，500 m×500 m重点区域精细化大气传感网，建设大气环境监管的"千里眼"，全面掌握污染物浓度和污染源活动状况	实现了智慧环保"感一传一知一用"防治大气污染体系构建，引入了物联网和人工智能的相关技术，提升了区域空气质量管理水平	该平台实现了大气污染型向科技型、精准治理转变，优化了产业结构布局现状，达到了"精准治污，科学治霾"的目的

参考文献

[1] 张建宇，严厚福，秦虎. 美国环境执法案例精编[M]. 北京：中国环境出版社，2013.

[2] 谢伟. 美国清洁空气法若干问题研究：从命令-控制手段的视角[M]. 厦门：厦门大学出版社，2015.

[3] 王淑梅，喻干，荣丽丽. 美国排污许可证管理的经验[J]. 油气田环境保护，2017，27（1）：1-5.

[4] 谢放尖，李文青，王庆九. 美国大气排污许可证制度初探[J]. 环境与可持续发展，2015，40（6）.

[5] 谢放尖，李文青，周君薇，等. 美国大气排污许可证制度分析及启示[J]. 环境管理与技术，2016，28（6）：5-8.

[6] US EPA，OECA，OAP，ITD. Guidance on Enforcement of Prevention of Significant Deterioration Requirements Under the Clean Air Act[Z]. EPA. 1983.

[7] Offie of Compliance. Guidance for Issuing Federal EPA Inspector Credentials to Authorize Employees of State/Tribal Governments to Conduct Inspections on Behalf of EPA[G]. EPA. 2004.

[8] OECA. Appendix to Compendium of Next Generation Compliance Examples In Clear Air Act Programs[Z]. EPA. 2016.

[9] OECA，Office of Air and Radiation. Compendium of Next Generation Compliance Examples In Clean Air Act Programs[M]. 2016.

[10] OECA. Next Generation Compliance_ Strategic Plan 2014-2017[Z]. EPA. 2014.

[11] Offie of Compliance. Issuance of the Clean Air Act Stationary Source Compliance Monitoring Strategy[Z]. EPA. 2014.

[12] EPA Region 2. New Jersey Round 3 State Review Framework Report[Z]. EPA Region 2，2016.

[13] Offie of Compliance. Issuance of the Clean Air Act Stationary Source Compliance Monitoring Strategy[M]. EPA. 2016.

[14] Office of Compliance. Clean Air Act National Stack Testing Guidance[Z]. 2009.

[15] Office of Solid Waste and Emergecey Response. Guidance for Conducting Risk Management Program Inspections under Clean Air Act Section 112（r）[Z]. EPA. 2011.

[16] EPA. Criminal Enforcement Program[Z]. EPA. 2011.

[17] 梁睿. 美国清洁空气法研究[D]. 青岛：中国海洋大学，2010.

[18] OECA. The Role of the EPA Inspector in Providing Compliance Assistance During Inspections[Z]. EPA. 2003.

[19] Offie of Compliance. Issuance of the Clean Air Act Stationary Source Compliance Monitoring Strategy[Z]. EPA. 2001.

[20] National Enforcement Investigation Center. Process-based Investigation Guide[Z]. EPA. 1997.

[21] 环境保护部大气污染防治欧洲考察团. 欧盟大气环境标准体系和环境监测主要做法及空气质量管理经验[J]. 环境与可持续发展，2013（5）：11-13.

[22] 王海燕，吴丽江，武雪芳，等. 欧盟 BAT 参考文件（BREF）简介[C]. 环境管理与技术评估国际学术交流会论文集，2013.

[23] Climate Change Act 2008[EB/OL].2017-12-27. https://www.gov.uk/government/ organisations/ environment-agency.html.

[24] OECD，曹颖，曹国志. 环境守法保障体系的国别比较研究[M]. 北京：中国环境科学出版社，2010.

[25] Environmental Permitting Regulations[EB/OL].2018-01-03. https://naturalresources. wales/? lang=en.html.

[26] Climate Change（Scotland） Act 2009[EB/OL]. 2018-01-03. http://www. legislation. gov.uk/asp/2009/12/contents.html.

[27] Licensing Act（Northern Ireland）[EB/OL].2018-01-05. http:// www.legislation.gov.uk/

nia/2016/24/contents.html.

[28] Environmental Better Regulation Act（Northern Ireland） 2016[EB/OL]. 2018-01-05. http://www.legislation.gov.uk/nia/2016/13/contents.html.

[29] Guidance-Best available techniques：environmental permits[EB/OL]. 2018-01- 08. https:// www.gov.uk/guidance/best-available-techniques-environmental permits.html.

[30] 陆新元. 环境监察[M]. 北京：中国环境科学出版社，2009.

[31] Environmental Permitting Regulations Operational Risk Appraisal（Opra for EPR） version[EB/OL]. 2018-01-12. https://www.gov.uk/government/collections/operationalrisk-appraisal-opra.html.

[32] Opra for permits with fixed charges[EB/OL]. 2018-01-12. https://www.gov.uk/ government/publications/opra-for-eproperational-risk-appraisal.html.

[33] Monitoring emissions to air，land and water（MCERTS）[EB/OL]. 2018-01-16. https:// www.gov.uk/government/collections/monitoring-emissions-to-air-land-andwater-mcerts. html.

[34] Technical Guidance Note（Monitoring）M2[EB/OL]. 2018-01-20. https:// www.gov. uk/government/publications/m2-monitoring-of-stack-emissions-to-air.html.

[35] Technical Guidance Note（Monitoring）M16[EB/OL]. 2018-01-26. https:// www. gov.uk/government/publications/m16-monitoring-volatile-organic-compounds-instack-gas-emissions.html.

[36] Technical Guidance Note（Monitoring）M21[EB/OL].2018-02-02. https:// www.gov.uk/ government/publications/m21-stationary-source-emissions.html.

[37] Technical Guidance Note（Monitoring）M22[EB/OL]. 2018-02-27. https:// www.gov.uk/ government/publications/m22-measuring-stack-gas-emissions-using-ftirinstruments.html.

[38] Enforcement and Sanctions - Guidance[EB/OL]. 2018-03-07. https:// www.gov. uk/government/publications/environmentagency-enforcement-and-sanctionsstatement. html.

[39] "台湾行政院环保署". http://air.epa.gov.tw/Stationary/RB_main.aspx.

[40] 杜强. 台湾地区环境污染治理与生态保护研究[M]. 吉林：吉林人民出版社，2015.

[41]　台湾地区"空气污染防治规定".

[42]　彭峰. 环境法律制度比较研究[M]. 北京：法律出版社，2013.

[43]　王秀梅. 台湾环境刑法与环境犯罪研究.

[44]　廖天虎. 我国台湾地区惩治环境犯罪刑法机制介述[J]. 环境保护，2013，41（11）：51.

[45]　陈慈阳. 环境法总论[M]. 台北：元照出版有限公司，2012.

[46]　固定污染源空气污染物排放标准[S]. 环署空字第 013459 号，1992. 1994 环署空字第 16668 号，1999 环署空字第 0039205 号，2001 环署空字第 0074780 号，2002 环署空字第 0910038996 号，2007 环署空字第 0960068131 号修订.

[47]　挥发性有机物空气污染管制及排放标准[S]. 环署空字第 02385 号，1997. 1998 环署空字第 0022480 号修订.

[48]　栾志强，王喜芹，郑雅楠，等. 台湾地区 VOCs 污染控制法规、政策和标准[J].环境科学，2011（12）.

[49]　固定污染源设置与操作许可证管理办法[S]. 环署空字第 0960087681 号，2007.

[50]　固定污染源设置变更及操作许可办法[S]. 环署空字第 0920005303 号，2003.

[51]　空气污染行为管制执行准则[S]. 2002.

[52]　空气污染防治法施行细则（民国 92 年 7 月 23 日修正）.

[53]　环境稽查样品监管作业规范.

[54]　陈吉宁. 建立控制污染物排放许可制为改善生态环境质量提供新支撑[J]. 中华环境，2016（12）：11-12.

[55]　李莉娜，唐桂刚，万婷婷，等. 我国企业排污状况自行监测的现状、问题及对策[J]. 环境工程，2014，32（5）：86-89.

[56]　环境保护部环境监察局. 环境监察. 第 3 版[M]. 北京：中国环境科学出版社，2009.

[57]　陈吉宁. 国务院关于 2015 年度环境状况和环境保护目标完成情况的报告——2016 年 4 月 25 日在第十二届全国人民代表大会常务委员会第二十次会议上发言稿[C]. 2016.

[58]　陈吉宁. 十二届全国人大五次会议新闻中心举行记者会，"加强生态环境保护"的相关问题回答中外记者的提问.2016，http://jshbj.xjbt.gov. cn/c/2016-03-14/

2202079.shtml.

[59] 生态环境部行政体制与人事司. 生态环境保护综合执法队伍的组建和管理[N]. 中国环境报，2019-03-15（3）.

[60] 宋祖华，谢馨，柏松，等. 便携式 GC-MS 法快速测定固定污染源废气中的 VOCs[J]. 环境监测管理与技术，2017，29（3）：53-56.

[61] 赵文艳，郭家秀，尹华强. 大气中 SO_2 监测技术研究现状及发展趋势[J]. 四川化工，2012（6）：20-23.

[62] 张迪生，谢馨. CO 对定电位电解法测定 SO_2 的影响及对策探讨[J]. 环境监测管理与技术，2014（2）：60-62.

[63] 汪楠，王同健，许亮，等. 定电位电解法测定烟道气 SO_2 过程中的干扰和对策[J]. 城市环境与城市生态，2009（4）：45-47，51.

[64] 陆立群，宋钊，张晖，等. 便携式 NDIR 烟气分析仪在烧结炉 CEMS 二氧化硫比对测试中的应用研究[J]. 环境科学与管理，2013，38（6）：172-176.

[65] 徐家清，解光武. 便携式红外烟气分析仪在污染源二氧化硫监测的探讨[J]. 广东化工，2014，41（8）：145-146.

[66] 綦振华. 非分散紫外吸收法原理超低量程仪器在测试烟气 SO_2 方面的探究[J]. 化工设计通讯，2017，43（9）：202-203.

[67] 邓猛. 基于非分散紫外吸收法的便携式烟气分析仪在烟气二氧化硫监测中的应用研究[J]. 中国资源综合利用，2016，34（2）：23-26.

[68] 李晓峰，陈梁，董拯，等. 基于非分散紫外吸收法二氧化硫超低量程烟气分析仪的研制及其应用[J]. 化学分析计量，2016，25（3）：101-105.

[69] 冯永超，胡勇. 含湿量和 CO 对 3 种 SO_2 监测方法的影响研究[J]. 环境科学与技术，2016，39（s1）：203-206.

[70] 毕勇. Gasmet 便携式傅立叶变换红外气体分析仪及其在环境应急监测中的应用[J]. 现代科学仪器，2011（4）：90-92.

[71] 赵琳，张英锋，李荣焕，等. VOCs 的危害及回收与处理技术[J]. 化学教育（中英文），2015，36（16）：1-6.

[72] 张晓勇，杨国庆，李程，等. 傅立叶红外便携式气体分析仪在应急监测中的应用[J].

中国资源综合利用，2017，35（11）：112-113.

[73] 白亮. 光离子化检测器在环境应急监测中的应用探讨[J]. 海峡科学，2007（6）：109-110.

[74] 张国宁，郝郑平，江梅，等. 国外固定源 VOCs 排放控制法规与标准研究[J]. 环境科学，2011，32（12）：3501-3508.

[75] 陈家桂，张卿川，范丽虹. 美国固定源废气排放物 VOCs 的监测方法与启示[C]// 中国环境科学学会 2011 年学术年会，2011.

[76] 刘文清，陈臻懿，刘建国，等. 我国大气环境立体监测技术及应用[J]. 科学通报，2016，61（30）：3196-3207.

[77] 程巳阳，高闽光，徐亮，等. 基于太阳光源车载 FTIR 技术的气体污染源排放分布监测新方法及应用：Proceedings of the International Conference on Remote Sensing[C]. 2010.

[78] 戴厚良. 把握发展新趋势 实现我国石油化工产业的转型发展[J]. 当代石油石化，2015（8）：1-3，28.

[79] 工业和信息化部. 石化和化学工业发展规划（2016—2020 年）[M]. 2016.

[80] 王翠然，海婷婷，田炯，等. 江苏省石化行业 VOCs 排放特征、治理现状及对策探析[J]. 污染防治技术，2015（6）：17-22.

[81] 石化业 VOCs 去除率 2017 年须达 70%[J]. 通用机械，2016（8）：47.

[82] 王欣，李兴春，王文思. 催化裂化装置硫分析及二氧化硫排放控制对策[J]. 绿色科技，2013（1）：10-12.

[83] 方向晨. 油品精制技术进展[C]//中国化学会第 29 届学术年会，北京，2014.

[84] 汪军平，雷海军，田凌燕，等. 两套丙烷脱沥青装置工艺对比研究[J]. 石油炼制与化工，2009（9）：22-26.

[85] 陈赓良. 克劳斯法硫黄回收工艺技术发展评述[J]. 天然气与石油，2013（4）：23-28，7.

[86] 李振宇，王红秋，黄格省，等. 我国乙烯生产工艺现状与发展趋势分析[J]. 化工进展，2017，36（3）：767-773.

[87] 何细藕. 烃类蒸汽裂解制乙烯技术发展回顾[J]. 乙烯工业，2008（2）：59-64，18.

[88] 张时佳，彭茵，陈璐，等. 炼油行业泄漏检测与修复技术实践研究[J]. 环境科学与管理，2016（3）：41-44，112.

[89] 朱芳. 致命的铅污染[J]. 生态经济，2014（9）：6-9.

[90] 陈天金，魏益民，潘家荣. 食品中铅对人体危害的风险评估[J]. 中国食物与营养，2007（2）：15-18.

[91] 许辉. 废铅酸蓄电池规范回收出路：生产者责任延伸制度[M]. 2017.

[92] 陈亚州，汤伟，吴艳新，等. 国内外再生铅技术的现状及发展趋势[J]. 中国有色冶金，2017，46（3）：17-22.

[93] 赵贤寿. 中国铅酸蓄电池工艺装备的发展与改进[J]. 蓄电池，2004（4）：176-179，85.

[94] 唐兆军. 铅酸蓄电池生产行业建设项目竣工环境保护验收监测技术方法的研究[D]. 西南交通大学，2016.